让知识成为每个人的力量

前途丛书 THE GREAT EXPECTATION 〉

这就是软件工程师

SOFTWARE ENGINEER

用代码改变世界的人

丁丛丛　靳冉 / 编著

新 星 出 版 社　NEW STAR PRESS

"前途丛书"使用指南

1. 这是一套现代职业说明书。

2. 社会分工日益精细，行业快速迭代。只有专业，才有前途。快速了解一个行业，精进成为专家，事关行业中每个人的前途。

3. 丛书特别适合以下几类人群：为子女规划未来的父母，高中和大学阶段的学生，刚刚步入职场的新鲜人，入行多年遇到发展瓶颈的职场人，以及从事职业生涯规划的专业人士。当然，如果你有充沛的好奇心，或者正在规划职业道路切换，它也很适合你。

4. 丛书涉猎的范围，既包括会计师、律师、医生这样的传统职业，也有投资人、软件工程师等热门职业，还有电竞选手、主播等新兴职业。

5. 丛书运用最新的知识挖掘技术，采访行业顶尖高手，提取从新手到高手的进阶经验，用顶尖人才的视野呈现"何谓专业""如何专业"。

6. 丛书为你安排的行进路线如下：

"行业地图"——站在高处俯瞰职业全貌；

"新手上路"——提供新人快速进入工作状态的抓手；

"进阶通道"——展现从业人员的进阶路径与方法；

"高手修养"——剧透行业高手的管理智慧和独特心法；

"行业大神"——领略行业顶端的风景；

"行业清单"——罗列行业术语、推荐书目等"趁手"的工具，方便查阅。

7. 行进路上，你会看到多篇短小精悍的文章，每篇文章之后都附有行业高手的名字。文章之间穿插着的彩色楷体字，是编者加入的补充说明的文字，希望借由编者的"外行视角"，带你了解这一行的总体样貌。

8. 推荐特别关注受访行业高手的动态，他们在一定程度上代表了行业动向。

9. 丛书出版前，我们向专业从业人员和大众读者发起了审读。这套丛书，体现了许多无法一一具名的审读人的智慧。

10. 这是一项不断生长的知识工程。你如果有其他想要了解的职业，又或者你是某个行业资深的专家，愿意分享你的经验，欢迎与我们邮件联络（contribution@luojilab.com）。

丛书总策划：白丽丽

向贡献宝贵经验的 4 位行业高手

郄小虎　陈皓　陈智峰　鲁鹏俊

致敬

目录

CONTENTS

第一部分 ┃ 行业地图

01　特质：简单务实，极致创新　　　　　　　　4

02　薪酬：高薪职业里的"常青树"　　　　　　7

03　底层：一个成就感驱动的职业　　　　　　11

04　选择：一线和次一线城市，机会巨大　　　13

05　现实：为什么会有 996　　　　　　　　　18

06　进阶：软件工程师的四大台阶　　　　　　22

07　周期：是否存在 35 岁的坎儿　　　　　　25

08　挑战：持续学习是刚性要求　　　　　　　31

09　机会：工种多，且新工种频繁出现　　　　33

10　趋势：软件工程师即将遍布各行各业　　　36

第二部分 | 新手上路

◎ 入行前

01　基本储备：入门必学的语言和工具　40

02　选择平台：去面向未来、技术驱动的公司　43

03　认识自己：找到适合自己的路线　46

◎ 编码

04　编码规范：不要逆着规范做事　50

05　公司差异：即使没有规范，也得自我要求　53

06　优质代码：好代码没有止境　57

07　整洁代码：不是写出来的，而是读出来的　60

08　代码注释：像说明书一样清晰　62

09　编程原则：教科书没有告诉你的"为什么"　65

10　解决问题：别把原则当教条　70

◎ 测试

11　全面思考：做测试比写代码难　71

12　程序测试：对软件工程师的基本要求　75

◎ 改 Bug

13　执行任务：从改 Bug 开始　　　　　　　　　　　　　79

14　定位 Bug：像侦探一样发现问题　　　　　　　　　81

15　修复 Bug：务必小心谨慎　　　　　　　　　　　84

◎ 成长论

16　拆分任务：动手工作前，先做任务分解　　　　　86

17　阅读代码：重要的不是写代码，而是读代码　　　89

18　找到捷径：通读牛人代码　　　　　　　　　　　91

19　追本溯源：多读文档，多读书　　　　　　　　　94

20　重在过程：学习牛人的方法，别抄答案　　　　　96

21　潜移默化：和优秀的人一起工作　　　　　　　　98

22　亦师亦友：和身边的人搭伴学　　　　　　　　　100

第三部分 ｜ 进阶通道

◎ 设计程序

01　需求分析 1：避免 X-Y 问题　　　　　　　　　　105

02 需求分析 2：明确模糊不清的问题   107

03 设计程序：学会谋篇布局   109

04 高度抽象：设计需要抽象能力   111

05 原型设计 1：从最难的做起   116

06 原型设计 2：原型设计的关键是接口   118

07 架构设计 1：分而治之，理清思路   120

08 架构设计 2：考虑异常情况和极限情况   123

09 技术调研：寻找最优解决方案   125

◎ 项目管理

10 软件工程：不同的开发模式   127

11 流程管控：用火车头模式避免研发延期   130

12 验证效果：做 A/B test，用数据说话   133

13 监控打磨：上线前做好监控与压测   135

◎ 团队合作

14 外部沟通：知道怎么"规训"业务   138

15 内部协作：平衡前台团队和中后台团队   141

◎学习进阶

16 直击内核：打牢基础，以不变应万变   143

17 搭建体系：用知识树系统学习   146

18 主动学习：提高你的学习效率   149

第四部分 ┃ 高手修养

◎分岔路的选择

01 上升通道：技术路线和管理路线   154

◎业务上的精进

02 预见未来：软件工程师要有前瞻能力   156

03 权衡利弊：软件工程师要有取舍能力   159

04 攻克难题1：主动寻找技术难题   162

05 攻克难题2：尝试不同的解决方案   164

06 关键决策：技术选型的六大要素   168

07 代码评审：不是"做出来"，而是"做漂亮"   172

08 评审清单：代码评审怎么做   174

09 评审误区：代码评审是为了找 Bug 吗   176

◎ 带团队的心法

10 实力服众：工程师宁愿被 lead，不愿被 manage   178

11 敢于放手：从工程师变成管理者   180

12 善于说服：相对于下指令，还是要讲道理   181

13 招聘面试：考察一个人的元能力   183

14 员工激励：让工程师更有成就感   185

15 团队建设：做好人才布局   187

16 布局长远：关注长期目标   189

17 平衡需求：判断紧急与重要   191

18 协同机制：保持公开透明的信息协同   193

19 团队合作：一加一大于二   195

20 合作共赢：找到利益共同点   198

第五部分 ┃ 行业大神

01 丹尼斯·里奇：保持简洁   203

02 林纳斯·托瓦兹：只是为了好玩   206

03 吉多·范罗苏姆：允许不完美、保持开放   208

04　玛格丽特·汉密尔顿：**拯救人类登月计划**　　　211

05　杰夫·迪恩：**开创分布式系统**　　　215

06　法布里斯·贝拉：**一个人就是一支队伍**　　　219

第六部分 ▎ 行业清单

01　行业大事记　　　224

02　推荐资料　　　231

03　行业术语　　　255

第一部分

行业地图

软件工程师经常被大家调侃为"码农""程序猿",软件工程师们也时不时以此自嘲。单从这些称呼上看,这一行好像挺惨的,加班熬夜写代码,每天过得苦哈哈。但其实这只反映了辛苦的一面,如果从软件工程师做的事情来看,你会看到很不一样的景象。

过去这二三十年,互联网可以说改变了整个世界:我们的联络方式从延续数百年的写信,到后来发邮件,再到现在的即时通信;我们查询信息的方式从一本一本翻书,到现在随时随地使用搜索引擎;我们的购物方式从去商场超市到去亚马逊、淘宝、京东直接下单,再到一小时就能送达手上的盒马;我们的出行方式从站在路边拦出租车到坐在家里叫滴滴……可以说生活工作的方方面面,都发生了巨大的变化。而这些变化的背后站着一个职业,那就是软件工程师。正是软件工程师,通过一行一行的代码,让这一切得以实现。

软件工程师对世界的改变是非常根本的。单从用户数量就可以看出这一点。作为软件工程师，如果是在大公司工作，参与的项目很可能是国民级甚至全球级的产品，比如谷歌搜索，数亿人每天用它浏览信息，再比如微信，日活有十几亿；哪怕是小一点的公司，其产品也动辄有几十万或上百万的用户。你想想，其他行业什么样的产品才能触达这个数量级的用户呢？

软件工程师作为工程师的一种，虽然只是坐在办公室里写写代码，产生的影响却是巨大的。

在行业地图的部分，我们会从人员特质、薪酬、机会、挑战、未来发展趋势等角度，带你从整体上看看这个改变了世界的职业。

特质：简单务实，极致创新

提起软件工程师，大家马上想到这样的形象：格子衬衫、牛仔裤、双肩包，经常熬夜，甚至秃了头。其实大家看到的只是一部分人的外在表现，而不是软件工程师内在的特质。

什么是软件工程师的内在特质呢？

首先，软件工程师是一群非常简单的人。大多数软件工程师通常专注于自己喜欢的事情，很少关注外在的东西。他们之所以每天用最简单的搭配——衬衫、牛仔裤、背包，其实是希望在这上面花尽量少的时间和精力，恨不得用固定的一种搭配就好。乔布斯（Steve Jobs）有几十件黑 T 恤，扎克伯格（Mark Zuckerberg）出现时几乎永远穿着灰 T 恤，这些都是这一特质的体现。

其次，软件工程师是一群喜欢"偷懒"的人。他们热衷于自动化，喜欢用技术手段解决问题——我就想写个程序让它干活，这样我自己就不用干了，效率超高。与此同时，软件工程师非常务实，喜欢行动起来解决问题。如果一个问题没被解决，他们会非常难受，甚至每天晚上做梦都在解决那个问题。

谷歌北京办公室曾经发生过这么一个故事。有一年双十一，公司的收发室堆满了快递，大家找起来很不方便。这时一个软件工程师站出来说，我要解决这个问题。于是他用业余时间开发了一个程序，每天谁的快递到了，到了几个，及时通知，提前分类。快递主人到收发室只要按一下，就能拿到自己的所有快递。这个问题就这样被解决了。

再次，软件工程师是一群严谨的人，倾向于持续改善、追求极致。他们善于找到事物的漏洞或者不完美的地方，找到漏洞后反复迭代，一遍遍修改、完善，不断优化现有的程序。还有更极致一些的软件工程师，恨不得觉得 100 分都是用来突破的，在他们眼里，满分的位置是不断上调的。

最后，软件工程师是热衷于创新的人。这一点可能跟这一行的工作性质有关——很多程序一旦做好，你是没机会再做一次的。软件工程不像土木工程，土木工程是你在 A 城市造一座桥，下次换到 B 城市还要再造一座。软件工程不一样，很多程序你一旦设计好，在这里可以用，在那里也可以用。如果需求是一样的，你用已有的程序是最好的方法，没有必要再重新做一遍。所以，软件工程师很多时候得做之前没做过的东西——发现新问题，提出新方案，创造和设计新程序。因此创新是必须的，是写在软件工程师这个职业的基因里的。

当然，以上只是最主要的几个方面，除此之外，软件工程师还非常好奇，讲究逻辑，热爱分享……如果用一句话总结这群人的特质，大概是"普世低调的创新精神，理想主义的工匠精神"。

– 郗小虎　　陈智峰 –

薪酬：高薪职业里的"常青树"

　　早在十几年前，软件工程师已经是广为人知的高薪职业了。站在当下的节点上，很多年轻人或许会有疑虑：软件工程师火了那么久，现在还吃香吗？其实不用担心这个问题。因为到现在为止，这个职业颇有"高薪常青树"的样子。

　　先看一组国内的数据。根据我国国家统计局发布的信息，2010～2015 年，在所有城镇单位就业人员中，"信息传输、计算机服务和软件业就业人员"的平均工资连续 6 年排第二位，到 2016 年一举超越金融业跃升至第一位，2017～2019 年蝉联第一（如图 1-1 所示）。可以说，**软件工程师是我国城镇就业人口中平均薪资最高的群体，并且稳定地保持在所有行业的前列。**

图 1-1　2010～2018 年我国城镇单位就业人员平均工资
（单位：元）[1]

在阿里、腾讯、字节跳动、美团、百度等国内互联网
"大厂"中，软件工程师年薪 30 万是"中庸水平"，年薪百万
的人比比皆是（如图 1-2）。

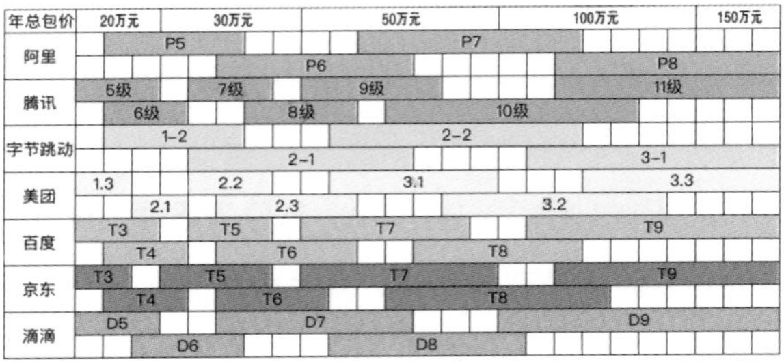

图 1-2　2020 年国内互联网大厂各职级薪资水平（技术线）[2]

1　国家统计局：https://data.stats.gov.cn/easyquery.htm?cn=C01，2020 年 6 月 11
日访问。

2　运营黑客社区：《互联网大厂职级 & 薪酬 2020 版新鲜出炉！》，https://
mp.weixin.qq.com/s/_Apu-9NOyGK5RcH23kZBAg，2020 年 9 月 21 日访问。

其实不止是中国，在全世界范围内，软件工程师都是高薪职业。美国招聘网站 Hired 发布的《2019 年度薪酬状况报告》[1] 显示，2019 年全球技术工作者平均薪资为 12.9 万美元，其中美国旧金山湾区薪资水平最高，为 14.5 万美元。Glassdoor 发布的一份报告 [2] 显示，2019 年美国薪资最高的 25 种工作中有 10 种在科技行业，包括企业架构师、软件工程经理、软件开发经理、应用开发经理、解决方案架构师、数据架构师、IT 项目经理、程序架构师、用户体验经理、网站运维工程师——几乎都属于软件工程师的范畴。

另外值得一提的是，软件工程师是一个全球化程度很高的职业，很多国际性大公司都在世界各地设有分部，内部流动性大。相当于公司是一个很大的水管，所有工程师在同一个管道系统里自由流动，这就意味着大家的收入水平其实是很接近的。如果你在中国做得出色，只要英语还不错，去美国或欧洲工作并不难，待遇也不会低，反之亦然。

1　Hired：2019 State of Salaries Report，https://hired.com/page/state-of-salaries，2020 年 9 月 20 日访问。

2　Glassdoor: https://www.glassdoor.com/List/Highest-Paying-Jobs-LST_KQ0,19.htm，2020 年 9 月 21 日访问。

　　虽然软件工程师的平均薪资比其他行业高，但在行业内部薪资差距很大——高的可能有上百万的年薪，低的只有十几万。其实所有行业都一样，要想获得高薪，你得先具备配得上高薪的能力。在这里，陈皓老师建议新人一定要去做有价值的事情，就是去做那些更难一些的、别人不会或者不想干的事情，来让自己不断精进。

底层：一个成就感驱动的职业

很多人可能觉得，软件工程师收入高，厉害的还能创业开公司。现在全球市值最高的公司苹果以及谷歌、Facebook（脸书）、微软都是软件工程师创办的，世界首富也从当年的比尔·盖茨（Bill Gates）到现在的贝索斯（Jeff Bezos），从事这一行的人一定是利益驱动型的。但其实在我看来，软件工程师最底层、最原生的驱动力是成就感，高收入只是副产品而已。为什么这么说呢？

首先，相信每个选择进入这一行的人，都经历过这样一些难忘的时刻：当你用代码做出一个小玩意儿的时候，当你跑通第一个程序的时候，当有用户使用你做的软件的时候，当你学会了一种更高级的技术的时候……那些发自内心的喜悦和令人兴奋的成就感，多年以后回想起来依然倍感触动。我认为这种成就感才是一个软件工程师在这一行走下去的底层驱动力。

其次，对大部分软件工程师来说，自己做的事情特别牛，能够受到编程界以及计算机行业的认可，是很重要的。比如，很多人把自己写的代码做成开源的，放在网上免费让其他人使用。这样做带不来任何利益，但如果行业里大家用的是我写的代码，这种感觉很不一样，会让软件工程师产生极大的满足感和荣耀感。

最后，软件工程师关心的是，自己做的事是不是能对社会产生真正的影响，是不是真的改变了这个世界，改变了人们的生活。很多软件工程师心中向往的，是林纳斯·托瓦兹（Linus Torvalds）这样的人（林纳斯是 Linux 操作系统的创造者，我们每天使用的手机、家里的电视机顶盒，甚至全球排名前 500 的超级计算机，大部分都是以 Linux 为基础开发扩展的。没有 Linux，这些工具都不会是现在的样子）。

至于收入比较高，回报多，其实只是近年来的事情，刚好赶上了这一轮的互联网大潮。

– 郄小虎 –

选择：一线和次一线城市，机会巨大 [1]

每个人找工作的时候，城市都是一个重要的考量因素：我是去离家比较近的二三线省会城市，还是北上广深等一线城市，或者直接回家乡？**如果你已经准备好成为一名软件工程师，建议你去大城市。**为什么这么说？

首先看工作机会。对中国的软件工程师们来说，现在活跃在全球各大交易所的 278 家 IT 服务上市公司就是这个行业招聘最大的蓄水池。那么这些公司都在哪里呢？我们团队（香帅团队）把这些公司在地理上的分布作了个分析，如图 1-3 所示：

1　本文引自香帅：《哪些行业／职业只能在一线城市发展？》，https://www.dedao.cn/article/zl12vGeNAM0YVpPPl2VdmxjOQBP5oL，2020 年 5 月 23 日访问。

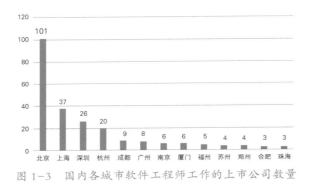

图 1-3　国内各城市软件工程师工作的上市公司数量

我们看到，中国仅仅有 13 个城市拥有 3 家及以上的 IT 服务上市公司，而北京自己就占据了行业的半壁江山。北京的 IT 服务上市公司多达 101 家，包括百度、网易、爱奇艺、微博、58 同城、汽车之家、陌陌、新浪、搜狗、新氧、易车、世纪互联，等等。

第二梯队是上海、深圳和杭州，这三个城市的 IT 服务上市公司的数目分别是 37、26、20。注意，上海虽然数量稍微比深圳和杭州多一些，但一旦考虑到企业质量，杭州和深圳就马上反超了，所以杭州和深圳依然属于第二梯队。

再接下来是成都、广州、南京等 5 个城市组成的第三梯队，每个城市有大约 5~10 家 IT 服务上市公司。

换句话说，一线和次一线城市，有着软件工程师难以割舍的巨大的工作机会。其实，全球来看都是这样：美国活跃的 318 家 IT 服务公司，约 35%（113 家）集中在加州的圣荷西和旧金山；英国 113 家 IT 服务公司，几乎一半（49 家）都在伦敦。

其次看薪酬。我们整理了软件工程师的招聘工资，绘制了 2019 年上半年软件工程师薪资的完整城市图谱——一个清晰的趋势就是，人口集聚程度越高的城市，软件工程师的学历和工作经验的溢价越高（如图 1-4 所示）。

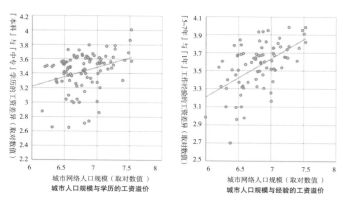

图 1-4 我国的城市人口规模与工资溢价

先看学历溢价。在北京，本科学历软件工程师的平均月薪为 1.8 万元，中专学历软件工程师的平均月薪为 0.8 万元，差了 1 万元。而在潍坊、济宁这些城市，本科与中专学历的软件工程师的平均月薪的差异仅为 1000 元。

再看工作经验溢价。在北京和杭州，有 5～7 年工作经验的软件工程师，与有 1 年工作经验的软件工程师的平均月薪差异将近 1 万元。而在绵阳、哈尔滨、海口这些城市，不同工作经验软件工程师的工资差异约为 1000 元。

人口规模越大的城市，软件工程师年均工资增速越快。同样的软件工程师在 2000 万人口以上的城市工作与在 500 万人口的城市工作，随着工作经验的增加，年平均工资增速差异达到 7%。

这些数据意味着，和在小城市工作相比，一个本科毕业的普通软件工程师在大城市工作不仅起薪高 6000 元，而且每过一年，工资涨幅也会多 2000 元。10 年之后，在大城市工作的软件工程师能拿到 40 万元的年薪，而在小城市工作的软件工程师将拿着 13 万元的年薪。并且，这种差距的扩大不会停止。

最后看流动性。市场大，工作机会多，自然意味着流动性大。而且，一个深圳或北京的软件工程师要回长沙、成都等，是很好找工作的，但反过来就没有那么容易了。更何况，大城市 IT 服务公司多，其中还有很多都是全球化的公司，跨国流动也多。像印度 IT 服务业的兴起就是因为美国大量 IT 从业者的回流。

所以说，做软件工程师，以北京为代表的大城市就是第一选择。

— 香帅 —

现实：为什么会有996

江湖传言软件工程师工作起来几乎都是996（公司规定每天早上9点上班，晚上9点下班，一周工作6天），这在国内确实是一个不可忽视的现实。我们在这里不讨论如何看待996，而是想分析一下为什么会有996，帮助新人更好地理解这一行。

为什么突然之间这个世界就开始996了？在我看来有两方面的原因，一个是我们这个行业正处于特定的发展阶段，另一个是公司的组织管理问题。

首先来看发展阶段。 在国内，互联网行业正处于原始积累阶段，或者叫圈地运动阶段。和大部分国外公司不一样，国内绝大多数公司是流量驱动型的，大家都在玩营销、抢流量，很怕自己的流量跑到竞争对手那里去，觉得一旦丢了流量，无论自己做得再好都没人用了。但其实不是这样，如果真的做好了，用户不会不来的——只是大家已经忘记了这一点。

就像人类历史上的蛮荒时代一样，各大公司都在不停地圈地、占领领土，它们占领领土的方式是你有什么，我也要有什么。比如你做短视频，我也要做短视频，你做生鲜卖菜，我也开始卖菜……我见过很多这样的竞争，有时候竞争都到了可笑的地步。比如 A 公司的竞争对手 B 上了一个功能，其实 B 并没完全想好，但 A 看到 B 有这个功能，立马把它抄了过来。抄过来后发现好像不是那么回事，于是 A 开始优化它。后来 B 觉得自己做错了这个功能，把它下线了。而 A 这边把这个功能做好了，然后 B 觉得不错，又把它抄了回来……就这样互相抄来抄去。说白了这是一种低维度的竞争，导致大家拼命扩军，拼命提速，讲究"唯快不破"。但实际上真是这样吗？我觉得长期来看不是，我们看人类历史就能知道，蛮荒时代确实是唯快不破的，甚至是野蛮人市场，但是一旦别人发明出更高级的武器来，你再快都没有用，再快的长矛也比不上枪。

相比之下，国外很多公司没有 996，它们不以圈地运动的方式生存、竞争，因为它们的危机感并不来源于流量的缺失，而是来源于技术不领先。这样的公司会回归底层，更精耕细作一些。它们比的不是谁更快，而是谁能拿下技术制高点。比如谷歌开发了安卓系统，全世界的手机都得用。我隐约觉得国内的原始积累差不多了，接下来也该走向精耕细作的阶段了，该从劳动密集型走向知识密集型了。

国内 996 严重的另一个原因是很多公司的组织管理能力不足。我们来对比一下国内外软件工程师典型的一天，就很容易发现这一点。

国外的软件工程师每天早上上班，第一件事是收邮件，集中处理邮件，大概花两个小时。然后有个站立会议，说一下昨天做了什么，今天要做什么，基本上上午就结束了。下午软件工程师就专心完成站立会议上确定的工作，按照标准流程去做就可以。比如如果这个程序还没有设计文档，你就写个设计文档，然后找别人讨论一下；如果已经设计好了，就开始写代码……下班后虽然也会有半夜被叫起来解决问题的时候——因为国外很多公司是全球化公司，永远有其他时区的同事在工作，但总的来说国外公司的软件工程师工作相对从容一些。

国内的软件工程师早上到了公司一般不处理邮件，很多事情在微信或钉钉上沟通，上午一般也会有个站立会议，确定今天要做什么，然后开始做。但接下来在做的过程中，一定会有各种各样的事情来骚扰你，老板来找你、产品经理来找你、旁边的同事来找你……甚至中间还会穿插各种大大小小的会议。干着干着你会发现，哎？怎么就到下班时间了？今天啥事也没干，那就只能加班了。

对比下来你会发现，国内很多公司会议特别多，有的会议一开就是两三个小时，甚至四五个小时，而且通常是公说公有理，婆说婆有理，最后也讨论不出个结果。很早以前国外也是这样，后来他们解决了这个问题，现在开会都要求不在会议上解决问题，而要在会议上发现问题，跟进问题；要求开会前一定要有议题和议案，因为一旦把议题和议案搞清楚，会议开起来非常快，15～30分钟绝对结束，然后大家各自去做自己的事情。

说到底，国内很多公司的组织效率有问题，导致软件工程师白天不停地被打断，杂事一大堆，只能晚上加班。所以软件工程师圈子里流传一句话：我们熬夜工作，不是因为晚上有灵感，而是因为白天的碌碌无为，引发了愧疚感。《代码大全》这本书里有句话说得特别好："几乎所有人都会混淆行动与进展，混淆忙碌与多产。"实际上并不是我们行动了就会有进展，我们忙起来就会有产出，要想改善996问题，国内公司应该在组织管理上多下点功夫。

— 陈皓 —

进阶：软件工程师的四大台阶

软件工程师这一行有很多"英雄出少年"的例子，比如比尔·盖茨、扎克伯格，年纪轻轻就做出了开创性的研发与设计。看起来，这一行颇有些"出名要趁早"的特性。

但其实，一出手就站在金字塔塔尖的年轻人只是极少数，可以说是凤毛麟角。大多数的软件工程师，都是需要在金字塔里，一个台阶一个台阶往上走的。

如果我们把软件工程师的金字塔分为四大台阶，那它们分别是：新手阶段、进阶阶段、高手阶段和行业大神阶段。这四个阶段分别对应这样几种能力：执行力、设计能力、融会贯通的能力、沉淀方法论和开创新领域的能力。

新手阶段强调执行力。你刚刚进公司是新人的时候，会被分配一些任务，上级会非常明确地告诉你任务是什么，用什么样的方法达成什么样的目标。你按照方法一步步去做，保质保量完成，就可以了。

进阶阶段强调设计能力。这个时候，上级布置给你任务，但不会告诉你怎么做。相当于他给你的只是一个问题，你需要自己把具体的问题抽象、拆解，并独立设计解决方案。

高手阶段则需要融会贯通的能力。这个能力对应的其实是我们通常讲的架构师，也就是软件项目的总设计师。假设你是架构师，你不仅要看到系统从过去到今天是怎么变化的，还要看到是外界哪些需求、内部哪些技术导致了这些变化，并且预判系统未来要朝什么方向发展。你需要把技术的演进、需求的变化、系统的发展等多个维度综合起来考虑。

大神阶段需要沉淀方法论。在这个阶段，大家都公认你是这方面的权威，你对这个方向的判断是非常准确的。同时你还能够沉淀出一个方法，这个方法不只适用于当前的领域，别人把你这套东西拿过来，还可以解决另外的问题。

大神中最顶尖的，还能开创新领域。这些新领域的开创都是革命性的。可以说，几乎计算机、互联网领域出现的每个重大里程碑，都是软件工程师开创新领域的结果。比如业界公认的行业大神，美国科学家肯·汤普森（Ken Thompson）在20世纪70年代作为主创者之一开发出了全新的操作系统UNIX（这一系统不仅可以用于网络操作，还可以作为单机操作系统使用，后来被广泛使用于工程应用和科学计算等领域），就是开创新领域的代表。

从这几个台阶来讲，越往上走，要求越高，能达到的人越少。从执行到设计，可能 60% 以上的软件工程师都可以跨越；但从设计跨越到融会贯通，就大概只有 30%；再从融会贯通到形成方法论、到开创新领域，1% 都不到。当然，这不是统计的数据，是大概的印象，方便你了解各个阶段的比率。软件工程师之外的其他领域也都是类似的，越到金字塔的顶层，人越少。

－ 郄小虎 －

近年来在各种新闻、舆论的渲染下，35 岁成了互联网人的危机之年。35 岁危机、35 岁焦虑、35 岁被优化等词汇出现在了很多爆款文章里。很多没入行的年轻人或者在职的软件工程师都有一个顾虑，就是"码农"全靠吃青春饭，加班熬夜敲代码，到了 35 岁如果升不上去，就会面临被裁的风险。

事实果真如此吗？软件工程师真的过了 35 岁就干不动、没前途了吗？

要回答这个问题，我们先到工程师聚集的硅谷看看。在硅谷，无论是 Facebook、苹果、亚马逊，还是我之前任职的谷歌，很多工程师都四五十岁，他们也不是做管理的，就是一线的工程师。当然，他们基本都能够达到前文说的融会贯通的水平，可以做到一个领域里的专家，或者稍微差一点，做到高级资深设计师的水平。通常，公司会给软件工程师很多空间，提升他们的技术水平，一旦软件工程师跨过一定的门槛，达到前文说的进阶阶段与高手阶段之间或以上的水平，差不多干到退休也没问题。

这么看起来，"35 岁危机"更像是一个国内特有的问题。

为什么会这样呢？因为国内很多公司面临着比较大的变化，可能今天在干这个，上线之后发现没用，就不干了，换别的，所以软件工程师的东西打磨得再好，也没什么价值。很多公司觉得你只要把这个功能实现了就行，不需要考虑得面面俱到，整体上对技术专业能力的重视程度不太够。

国内整体的氛围和发展阶段如此，作为软件工程师个人很难有所改变。但如果想在这一行干得长久，你要明白，"35 岁危机"更多和能力、水平相关。如果能力到了，年龄就不是问题；但如果能力不到，到 35 岁就可能面临被淘汰的风险。

为什么 35 岁是一个节点呢？因为一般来说，硕士毕业后工作也有 10 年了，如果工作 10 年还达不到一个资深工程师的水平，某种意义上被淘汰也是不可避免的。这一点其实国内外都一样，即便在硅谷，软件工程师也至少得达到进阶阶段与高手阶段之间的水平，才能继续干下去。

怎么才算是达到资深工程师的水平呢？通常来说，软件工程师不是只会一门编程语言，知道开发环境是什么样的就够了，而是要拥有思考、总结、抽象的能力，这些能力是能够持续穿越周期的，不会因为具体的技术更新换代而受影响。

同时，软件工程师还需要有一种持续学习、保持进步的心态。也就是说，心理年龄保持年轻，就像一个 20 多岁的年轻人，特别好学，这样就很难出现"35 岁危机"。如果你总是想，我就图个钱多事少离家近，那么被公司优化掉是迟早的事情。

因此，**这个行业不存在真正年龄的坎儿，只存在能力的坎儿**。其实所有行业都是如此，只是软件工程师这一行的容错率会比较低，你可能到岁数就干不下去了，而在别的行业还能混下去。

— 郄小虎 —

关于 35 岁是不是个坎儿，陈皓老师提供了另外一重视角，并提出了 35 岁需要具备哪些能力，也非常值得一看。

其实对于所有行业的人来说，35 岁左右都是一个接过重担的年纪，因为年纪更大的人可能慢慢退休了，年轻人还没有成长起来，社会一定会把重担交给 30 ~ 40 岁这群人，这群人必须变成中坚力量，没什么好选的。如果你接不住这个重担，一定会掉队；可一旦接住了，35 岁不仅不是坎儿，反而会是你事业发展的高峰期。

你可能会问,具体怎么做,才能接住重担,成为中坚力量呢?我的建议是,你要成为所在公司或团队里的贡献者。以我们公司对员工的要求为例,公司核心成员分为以下几种类型,这些成员具备的各项能力,是你要着重培养的。

1. 创始人(Founder)/ 合伙人(Partner)

创始人 / 合伙人是公司的顶梁柱,需要有以下素质和能力:

(1)做出贡献。为公司带来资源、吸引人才、带来效益,其中既包括经济效益,也包括社会效益。

(2)带动团队。一个人就是一支军队,能够自驱为公司和团队制订方向和实施计划,并能解决执行时的所有问题,具备推动落地的能力。

(3)创新优化。能够对现有的东西提出小而美的创新和优化,并将其推动和执行。

(4)前瞻能力。能够感知行业变化,技术潮流,并依此思考行业和公司的未来,为应对未来做好准备。

(5)抓重点,简化,标准化。只有抓住重点、简化问题、标准化问题，才可能实现规模化、平台化。

2. 贡献者（Contributor）

这类人是公司的腰部力量，他们对要做的事有热情，并会想各种方法推动工作的进展，他们需要有如下能力：

（1）探路能力。只要方向没问题，即使没有路，也能够蹚出路来。

（2）贡献方法。能够在实施过程中提出更好、更简单的方法以及相关创意。

（3）解决难题。方法总比问题多，能够带动团队解决一切拦路的问题。

（4）提高标准。能够不断发现不足并弥补不足，解决问题，提高标准。

3. 行家（Expert）

这类人是公司的手足力量，他们要对所做的事情有很丰富的经验，能够正确判断和决策，这类人有如下能力：

（1）降低成本。为公司在执行层面上降低成本（时间、金钱、人力、物力）。

（2）提升效率。能够找到最佳的路径或通过最佳实践到达目地的。

（3）防火能力。能够发现重要问题，并提前解决，避免意外发生。

对于 35 岁左右的人来说，行家阶段的能力已经比较底层了，大家要想接好社会交过来的重担，大概得到贡献者这个级别才行。当然，除了上面三类人，公司还有其他人，就是只能按部就班、听命做事的人。你要避免成为这样的人，因为一旦有合适的候选人，他们很容易会被替换掉。

－ 陈皓 －

挑战：持续学习是刚性要求

软件工程师对于持续学习的要求，几乎是所有职业中最高的。高到什么程度呢？

打个比方，从事软件工程师的工作，就像是在读一所终身大学，需要持续不断地学习。当然，很多人觉得自己一辈子收获最大、成长最快的阶段，就是在大学的时候；如果工作后还能和在大学一样，每天都在学新的东西，每天都在进步，会非常享受。这样的人做软件工程师的工作，就会如鱼得水。

但也有很多人觉得，我好不容易大学毕业了，工作之后就再也不想学习了。这样的人如果当了软件工程师，日子就会比较难过。

为什么这么说呢？因为互联网和计算机领域的变化太快了：从后端到前端，编程语言从 C++ 到 Golang，从应用系统到机器学习，从大数据到云计算，时时刻刻都在发生变化，用日新月异来形容都慢了。要想跟上这种节奏，软件工程师只能持续学习，否则很容易被甩在后面。

比如，当年很多人做塞班系统，后来出现了 iOS 和安卓系统，虽然有些知识可以通用，但是如果你当时不去学习和研究 iOS 和安卓系统的知识，仍然停留在塞班系统的开发上，等 iOS 和安卓系统成为主流之后，你可能就要失业了。到那时候，即使你有多年的编程经验，还是可能被行业抛弃。

从这个意义上讲，做软件工程师确实是比较惨的，你必须与时俱进。真的是逆水行舟，不进则退。你如果不能前进，肯定会被淘汰。这个跟医生、律师等越老越值钱的行业不一样。你如果想要入行，就得有这个心理准备。

－ 郄小虎　　陈智峰 －

从新手到高手，一名软件工程师需要学的东西非常之多，本书第六部分列出了一部分推荐书籍，有兴趣的话你可以先浏览一下。

在普通人的印象里，软件工程师就是敲代码的，可如果进一步问：每个敲代码的软件工程师做的都是相同或类似的工作吗？估计很多人就答不上来了。其实软件工程师只是一个统称，里面包含各种各样的工种。这些工种大致可以分为六个方向，分别是：交互、系统、算法、数据分析、测试、运维。

这六个方向，具体是干什么的呢？我以电梯为例解释一下。电梯的按钮长什么样，操作面板什么样，按钮被按下后会不会变亮——这属于交互部分；电梯的轨道和制动装置——这属于系统部分；乘客 A 在 1 层按了上行按钮，同时乘客 B 在 20 层按了下行按钮，电梯要按一定的逻辑决定先接谁——这属于算法部分；电梯在运行过程中记下 1 层停了几次、2 层停了几次、3 层停了几次……根据这些数据得出哪个楼层的客流比较大——这属于数据分析；电梯正式投入运行前，需要做一系列实验，确保性能和安全性——这属于测试部分；电梯坏了会有专门的维修人员前来修理——这属于运维部分。

对应到 App 上也是一样，比如打开小红书 App：

1. 你会看到不同的 tab（比如"关注""发现""商城"），点进每个 tab 能进入不同的界面——用户看得见，可以点进去，这就是交互。

2. 你点击 tab 后，App 需要把这个请求输送到服务器，服务器接到请求后做相应的计算，把结果反馈到你的手机上，整个过程背后是系统（包括前端和后端）在支撑。

3. 你在首页看到的信息流，比如系统推荐的特定内容，背后是算法在支撑。

4. App 还会收集你点击商品的类型、频次等数据，进行分析，猜出你喜欢的内容，这就是数据分析。

5. App 每次发版（发布新版本）前要做单元测试、性能测试等，这就是测试部分。

6. 一旦 App 出现服务器或网络故障，需要做相关维护，这就是运维部分。

上述所有功能的实现都要依靠交互工程师、系统工程师、算法工程师、数据工程师、测试工程师、运维工程师去实现。

也就是说，如果你想进入软件工程师这一行，有很多工种可以选。

这一行的另外一个特点是，新工种频繁出现。我们看到，现在的软件工程师有很多工种，但其实在这些工种里，数据工程师和算法工程师是近些年才大量涌现的。短短几年前，算法还是非常前沿的东西，根本不知道能不能做成，但今天算法已经变成很多公司都在用的工具——很多 App 里都有"猜你喜欢""为你推荐"，这些功能背后都是算法，而算法工程师也成为最热门的职业之一。

同样的道理，今天相对前沿、高精尖的内容，比如沉浸式虚拟现实（IR）加脑机接口、城市大脑等相关技术，可能几年后也会变成大家常用的东西。计算机技术也将广泛应用于各个领域，一些新的工程师的分类和序列就会出来，成为新的宠儿。

知识积累促进技术进步，技术进步又不断催生出新的工种。在软件工程师领域，这个特点尤其突出。

－郄小虎－

趋势：软件工程师
即将遍布各行各业

说起软件工程师，似乎总是跟互联网分不开。过去二三十年，软件工程师的确聚集在互联网行业，但未来，我觉得这个布局会发生深刻的改变。

现在我们看到硅谷和互联网行业是软件工程师的人才聚集地，但实际上其他地方、其他行业对软件工程师的需求也非常大。比如华尔街常年雇用很多软件工程师做量化交易，美国零售业的沃尔玛、塔吉特也开始自己做零售配送，一旦做起来就会有大量软件开发、网站维护的需求。另外，自动驾驶、人工智能、产业智能化这些新兴发展方向也需要大量的软件工程师。

所以我觉得将来不见得传统的软件公司或者互联网公司是绝大多数软件工程师待的地方，各行各业都会有软件开发部门，软件会成为各行各业的基础设施，软件工程师也会成为各行各业的基本人才配置。

另外我还有个大胆的预测，可能一两代人之后，孩子们从小就很熟悉编程（目前编程已经开始在少年儿童中大规模普及），软件行业会消失，因为所有人都会做。就像多年以前，打字机刚出现的时候有专门的打字员，现在人人都会用电脑，打字员的工作也基本消失了。

－ 陈智峰 －

第二部分

新手上路

◎ 入行前

基本储备：入门必学的 语言和工具

01

　　进入软件工程师这一行的，主要有两种人，一种是科班出身的毕业生，另一种是半路出家的转行者，无论你是哪一种，想当软件工程师都要有以下几个方面的基本储备。

　　入门推荐语言：Python 、JavaScript。这些语言的语法比较简单，有大量的库和语法糖（指计算机语言中添加的某种语法，通常来说使用语法糖能增加程序的可读性，从而减少程序代码出错的概率），是零基础的人学习编程的不二之选。而 JavaScript 是前端语言，可以实现看得见的前端效果，会让入门者更有编程的成就感，从而形成正反馈。

　　入门必学工具：操作系统 Windows，编程工具 Visual Studio Code。学习编程的关键在于多多动手，你可以通过一个跟练或是模仿一个小型的练手项目来理解基础知识。

正式入门语言：Java。它是所有语言中综合实力最强的，如果你想走上软件工程师的职业路线，这门语言是必须学习的。这里你需要更专业的编程工具，比如更专业的操作系统 Linux，更专业的编程的 IDE（集成开发环境，比如 IntelliJ IDEA）、版本管理工具 Git、调试前端程序、数据库设计工具、相关的编程框架（比如 Spring Framework）等。

除了上述知识以外，数学和英语也很重要。数学有很多分支和软件工程相关，程序当中的归纳、递归、逻辑等都跟数学是分不开的。如果你觉得数学需要学的太多，那么至少要去学习离散数学中的数理逻辑和集合论，如果有能力的话，离散数学的其他主题也可以深入一下，比如数学建模、图论、抽象代数、拓扑学、运筹学、博弈论等，这些都是机器学习、AI 的基础。

另外，学好英语这个看起来很基础的要求，是你编程技能提升的关键。计算机学科发展得太快，很多技术是美国在领跑，如果不能到源头去学习，就等于落后。所以，一定要学好英语，并且尽可能地用英文去检索技术关键词。学编程不学好英语你只能当一个技工，如果要做职业选手，必须学好英语。

最后需要说一下，任何行业都会有两个层次的人，一种是操作员，就只是会操作机器的技工，另一种是工程师，就是会解决问题、会提升效率的专业人员。软件这一行也一样，分为只有操作技能的技工或操作员，和通晓原理、能提升效率的工程师，后者需要把编程上升到专业的角度，也就是——计算机科学。

－ 陈皓 －

选择平台：去面向未来、
　　　　技术驱动的公司

大部分刚毕业的新人在选择去哪家公司时，会考量很多因素：薪资待遇、奖金、假期……还有，是去成熟大厂，还是创业公司？

在我看来，这些都不是新人选择去什么平台的决定性因素。选择平台时，新人应该判断两件事：这家公司是否面向未来，是否受技术驱动。

第一，这家公司做的事情，能不能适应未来的发展。因为这一行的发展速度太快了，说是速生速死都不为过。就算一家公司给你开出了极高的薪资，但它过不了多久就被淘汰了，你加入这样的平台又有什么意义呢？

我当年从普林斯顿大学毕业时，摆在面前的选择有两个。

一个是去传统的研究所做研究员，比如微软、英特尔、IBM、贝尔实验室，它们都有全世界最牛的研究所。当时面试我的都是业界非常有声望的人物，当年的大学课本有很多都是他们编写的，比如 UNIX 系统的贡献者之一布莱恩·柯林汉（Brian Kernighan）等。

另一个是我师兄辍学加入的一家名不见经传的小创业公司。这家公司里全都是年轻人，正在试图把全世界的网站都扒下来，把每个人想看到的信息送到大家面前。

我当时做了一个比较：前者稳定、光鲜，我还能跟那么多业界传奇共同工作，但是，他们显得没什么激情、暮气沉沉；后者虽然默默无闻，可每一个年轻人的眼里都透着光，而且，他们要做的是一个从来没有人实现过的、有着巨大需求、开创新未来的事业。

这样一想，我毫不犹豫地选择了后者。后面的故事很多人可能都知道，这家公司几年之后成长为全球最大的搜索引擎公司，从名不见经传变成了与微软等比肩的超级航母——谷歌。

计算机与互联网的发展都太快，如果要选择，一定优先选走在未来航道上的那些快速发展的公司。因为高速成长的公司正需要人才，它需要解决的问题也是新的，你会跟着公司一起去解决这些问题，你的能力会越来越强。Facebook 首席运营官桑德伯格（Sheryl Sandberg）曾说，当你遇到火箭般上升的公司，不要管舱位，先坐上去。

第二，你要去的这家公司是不是一家技术驱动、以技术文化为主导的公司。为什么这么说？因为职业生涯的初期，软件工程师最需要的是先充电，把自己的基础打好，培养起扎实的编程能力和良好的职业素养。你只有在最开始充好电，才能在这一行走远。如果一家公司不崇尚技术，对软件工程师的成长完全不重视，你进去干几年，像钉子一样只会干很窄的一个领域的事情，沉淀不下什么东西，后期的发展就会非常受限。

当年谷歌吸引我的，除了它的业务，更重要的是，它是一家技术驱动的公司，软件工程师在公司里是最重要的人，有最大的话语权。公司相信软件工程师，并通过创造自由宽松的环境、高效协同的文化以及相应的培养机制助力软件工程师成长（谷歌源源不断地培养出了大量优秀的技术人才）。如果你也遇到对技术和软件工程师非常重视的公司，就要想办法先进去。

－ 郄小虎 －

认识自己：找到适合自己的路线

除了知道怎么选择平台，你还要了解自己，因为如果不了解自己，你也没办法找到适合自己的路线。在我看来，一个人要想认识自己，就得看清自己的特长、兴趣、热情等。

1. 特长。 首先你要找到自己的特长，找到自己的天赋，找到你在 DNA 里比别人强的东西，拿你的 DNA 跟别人竞争。你要找到自己可以干成的事，找到别人找你请教的事——你身边的人找你请教就说明你有特长，这是找到自己特长非常重要的方法。找到特长后，扬长避短就好。

2. 兴趣。 如果你没有找到自己的特长，就找自己有兴趣、有热情的东西。什么叫兴趣？兴趣是再难再累都不会放弃的事。如果你遇到困难就会放弃，那不叫兴趣。不怕困难，痴迷其中，就算你没有特长，有了这种特质，你也是头部人才。

3. 方法。 如果你没有特长，也没有兴趣和热情，就要学方法。比如学习时间管理，学习做计划，学习统筹，学习总结犯过的错误，举一反三，学习探究事物之间的因果关系，等等。这是一些方法，你可以自己总结套路。

4. 勤奋。如果你前三者都没有，你还能做的事就是勤奋。勤奋注定会让你成为一个比较劳累的人，也是很有可能被淘汰的人。随着你的年纪越来越大，你的勤奋也会变得越来越不值钱。因为年轻人会比你更勤奋，比你斗志更强，比你要钱更少。勤奋虽然不值钱，但是只要你勤奋，至少能够自食其力。

以上就是为了认识自己，个人从特长、兴趣、方法一层一层进行筛选、挖掘的方法。我个人不算是特别聪明的人，但自认为对技术还是比较感兴趣，难的我不怕。有很多比较难啃的技术，聪明点的人啃一个月就懂了，我不行，我可能要啃半年。但是没有关系，知识都是死的，只要不怕困难总有一天会懂的。最可怕的是畏难，为自己找借口。

－ 陈皓 －

软件工程之所以叫工程，是因为软件开发的过程也和其他工程一样，可以分成几个环节，并且这些环节需要被有效组织起来，软件开发也需要系统的工程思维。

具体而言，一个程序从什么都没有到最终上线，主要包括以下几个环节：需求分析、设计、编码、测试。

图 2-1

第一步，需求分析。最初的需求一般来自产品经理，这些需求大多比较模糊，软件工程师需要和产品经理就每个细节进行充分沟通，明确最终要交付的是怎样一个产品，同时考虑到每个环节可能遇到的问题。

第二步，设计。设计是程序开发里非常重要的一环，具体细分为技术调研、原型设计、架构设计等，本书在后文有详细介绍。

第三步，编码。等到软件工程师弄清楚该怎么做了，就开始通过代码去实现设计里的内容，很多有关编码的原则和方法这本书会具体阐述。

第四步，测试。测试指的是一系列检验代码能否正常运行的方法，包括很多类型，比如单元测试、性能测试、集成测试，等等。

等到上面这些环节全部完成，一个程序才能正式发布上线。程序上线后免不了出现 Bug，这时候还需要软件工程师不断修复和迭代。

一般来说，新人进入公司后，主要做的是执行层面的任务，这些任务只是整个软件工程里的一小部分，比如写个模块、修复 Bug，相当于从最基础的工作做起。这个阶段你需要重点关注的是，第一，养成良好的工作习惯；第二，培养自己的执行能力——说白了就是脚踏实地，做好工作中一点一滴的事情。

不要小看这两点，因为只有养成好的工作习惯，并且能够保质保量完成任务，一位软件工程师的单兵素养才算基本建立起来。越是复杂的系统工程，对单兵素养的要求就越高，软件工程师这一行尤其如此。

一般来说，新人通常集中于编码、测试、改 Bug 等工作，在上级的指导下把已经设计好的程序开发实现出来，或者是通过改 Bug 维护已有的程序。

◎ 编码

编码规范：不要逆着规范做事

04

新人动手编码前，必须先熟悉公司的规范，特别是编程规范。很多新人不喜欢这种条条框框的东西，觉得编程规范很烦人，总想自己发明创造，写出个性，彰显风格，其实这么做就大错特错了。

以谷歌为例。谷歌从创立以来就有着严格的编码规范，规定了很多细节性的东西，比如命名、注释、布局、格式等，每个语言都有对应的规范[1]。举个简单的例子，谷歌对命名有要求，通常，C++ 文件应以 .cc 结尾，头文件应以 .h 结尾：

---

[1] 参见 https://google.github.io/styleguide/。

图 2-2

类型名称要以大写字母开头：每个新单词都有一个大写字母，没有下划线，比如 MyExcitingClass。

变量（包括函数参数）和数据成员的名称均为小写，单词之间带有下划线。例如：a_local_variable。

类的数据成员（静态的和非静态的）都像普通的非成员变量一样命名，但是带有下划线：

```
class TableInfo {
  ...
 private:
  std::string table_name_; // OK - underscore at end.
  static Pool<TableInfo>* pool_;  // OK.
};
```

图 2-3

在谷歌，每个工程师必须严格遵守上述规范，否则写出来的代码不可能通过代码评审（Code Review，实际工作中通常直接说成 review），更别提进入代码库了。

很多人可能觉得疑惑，为什么要规定得那么死呢？答案是：为了高效协作。一家公司有很多软件工程师，以及日益增长的代码库，如果大家遵循同一套规范，你会发现，代码库里的任何一行代码——不管是你写的，还是身边的同事写的，甚至是一个跟你相差十几个时区的同事写的——都有统一的结构、相同的命名规范……你只需要花很少的时间就能看懂，哪怕这个程序你不熟悉或完全没见过。这对提升团队效率的影响是巨大的。

其实不止是谷歌，国内外每家公司都有大量的团队协作场景，因此大家共同遵守规范是非常重要的。虽然没有完美的规则，但是一般来讲，公司制订的规范不会差到哪里去。作为新人，你在编码之前先熟悉这些规范，开发时严格遵守就好了，没必要逆着规范做事。

－ 陈智峰 －

公司差异：即使没有规范，
也得自我要求

新人进了公司先要熟悉规范、按规范做事，这是最基础的训练，但是国内并不是每家公司都为工程师制订了严格的规范。有没有规范，以及有什么样的规范，跟每家公司的文化高度相关，这一点新人们要做到心中有数。

先说有没有规范。国外多数公司都有规范，尤其像谷歌、亚马逊、微软这样的大公司。这些公司之所以花时间、精力制订规范，说到底是为了确立标准、提高效率。一方面，只有大家按同一套规范做事，整齐划一，工作效率才高——你的代码我能改，我的代码你也能改，协同起来没有障碍。另一方面，一个公司只有不断提升自己的标准，才可能做出更好的东西，也才可能有更好的用户体验，以及更强的竞争力。

相比之下，国内好些公司（包括大公司）完全没有规范，每个人只负责写自己的一部分代码，并按自己的想法写，这就会导致 A 的代码只能由 A 来维护，出了问题找不出第二个人顶上。这样做短期内可能跑得快，但长期来看却会越来越慢。比如 A 写完一段代码离职了，B 虽然能接手，但维护起来非常难。如果 A 写的东西比较少，B 可能直接推倒重来，按自己的方法再做一遍；如果 A 已经写了比较多，那么 B 也不敢乱动，只能从旁边继续写。这就像装修房子一样，A 布好了线，但 B 不知道这些线是怎么走的，当 B 要加线的时候，只能在墙外面加一条——我们把这种做法叫打补丁，补丁贴补丁，总有一天会让代码变得一团糟，最后彻底没法维护。

有规范的公司一般会给新员工做相关培训，如果你进了一家这样的公司，那么你未来的成长速度会非常快；如果你暂时没能进这样的公司，记得自己要有意识地去关注和学习这些规范（整个行业是有规范的，各种代码规范、设计模式、架构模型、运维和开发的最佳实践等，网上都可以找到很多），否则很容易废掉——成为一个只会对代码进行操作的技工，而不是构建软件的工程师。

再看有什么样的规范。一般来说，一套完整的规范主要包括三个方面。

1. 编码规范。这是最基本的规范，像谷歌等公司的编码规范在网上是公开的。但注意，你需要关注的不仅仅是编码，还有代码评审、单元测试，这些都属于编码规范。除了公司内部的编码规范，如果你想了解更多"行业规范"，推荐这几本书：《代码大全（第 2 版）》《代码整洁之道》《重构：改善既有代码的设计》《程序员修炼之道：通向务实的最高境界》。

2. 设计规范。设计规范包括 API（接口规范）、设计模式（比如面向对象的设计模式、设计原则 SOLID）、架构规范（比如分布式架构规范）等。对于这些设计上的东西，推荐以下几本书：《设计模式：可复用面向对象软件的基础》《架构整洁之道》《微服务设计》《数据密集型应用系统设计》《Web API 的设计与开发》。

3. 生产规范。生产规范指的是一套标准化的上线流程。比如软件工程师不是写完代码就行，还要做测试，测试完再上线，整个生产流程里有很多规范。现在比较流行的生产规范是 CI/CD、DevOps 的从自动化测试开始到持续集成，再支持各种发布策略的持续发布。关于生产规范，推荐你看这几本书：《人月神话》《SRE：Google 运维解密》《持续交付：发布可靠软件的系统方法》。

这些规范具体到每家公司，会有不一样的规定，这也跟公司文化有关。有些公司的文化是用技术实现规模化和自动化，比如亚马逊，所有规范都围绕"平台化""自动化"以及"高度可规范化"展开。因为它要做平台，要管成千上万台云计算的虚拟机，需要在自动化和高度水平扩展的基础上才能实现规模化和自动化。

还有一种公司没有形成明确的文化，今天想干这个，明天想干那个，只追求赶快发布上线，那么它的规范就更倾向于快速开发、快速发布。因为没有在前期设计好，就会导致后期运维的规范比较重，甚至导致返工——就像一个城市的管道一样，如果没有规划好，就得不断地挖开，重新铺设。也就是说，你要么花时间在写代码上，把代码质量提上去，要么花时间在后期修理上，靠运维去修补代码质量差的问题。

－陈皓－

优质代码：好代码没有止境

大家都在说要写出优质代码、整洁代码，这一点即使对编程新手来说也并不陌生，但如果我问你：什么叫优质？什么叫整洁？很多人心里并没有明确的概念。其实如果我们做一下研究和细分，就会发现代码也能分出清晰的等级，并且你研究得越深就越能感受到，好的代码没有止境。

什么叫优质代码？在我看来，所谓优质分为三个等级。

1. 初级：可读。代码写出来主要是让人读的，顺便让机器执行一下。可读的意思包括：命名要好——好的命名是有意义的，而不是 A1、A24 这种没有意义的名字；布局清晰——分支尽量少，不要用太多嵌套；注释明确——写明为什么用这段代码，以及怎么用这段代码，而不是解释这段代码是什么；一个文件或一个函数的代码量不要太大；代码不要重复；不要有反逻辑，用通用的编码模式进行编码，等等。可读是对编码最基本的要求。

2. 中级：可扩展。一段代码写出来不是一成不变的，它要根据需求的变化而变化。可扩展的意思是可维护，意味着我不必因为未来的修改大动干戈，甚至不改主干代码就可以实现修改。面向对象和函数式的各种设计模式，比如状态机、声明式设计、SOLID、IoC/DIP 等都可以让你的代码达到这个级别。

3. 高级：可重用。 优质的代码没有止境，最高级别的代码是可重用。举个例子，古人发明了轮子，而轮子可以用在马车上、汽车上、飞机上，这就是可重用。代码也一样，优质的代码写出来，可以用在很多场景里。要实现可重用这一点，可用的技术有 DSL、面向对象的设计模式、Web Service，还有时下最新的"Codeless"等。

要想达到上面的这几个级别，非常不容易，并不是你把代码写出来，可以跑通就行了。举个例子，我们现在的电路板，上面的线路横平竖直，非常规矩，但之前不是这样。我小时候拆开黑白电视机的后盖，发现里面的线是乱七八糟的，那就是"不可读"。代码也一样，可读的代码不复杂，简洁干净，它的显著特点是控制逻辑少，比如：程序的分支少——写代码是有分支的，满足某个逻辑走分支 A，不满足某个逻辑走分支 B，然后分支里面还有分支，分支之间可能还有循环和跳转。好的代码就是要把所有分支、循环、跳转减少，让人能够看到执行的条理性，而不是一个迷宫。

而要想把这一切控制好，说到底是一个解开复杂度的问题，如果往深了研究，你会发现全世界的软件工程师都在解决复杂度难题。所谓复杂度，一般由业务逻辑、控制逻辑和数据逻辑组成，一旦把三者揉在一起，程序一定会乱，并且复杂度急速上升，业务逻辑决定了复杂度的下限，控制逻辑决定了复杂度的上限，两者如果缠绕在一起，复杂度就呈现级数攀升。真正的高手才能把它们分开，要分开我们就需要进行解耦。通常用到的方法有：（1）设计模式；（2）函数式编程；（3）DSL；（4）状态机；（5）插件；（6）依赖倒置和反转控制；等等。

上面这些都是很专业的技术，新人阶段不一定能够理解并掌握，放在这里的目的是希望帮你明确精进的方向。

请记住，好的代码没有止境，如果不追求好的代码，你就只是一个"代码操作员"。

－ 陈皓 －

整洁代码：不是写出来的，
而是读出来的

几乎每个软件工程师都听说过"整洁代码"这个词，也知道代码的整洁程度代表着一个软件工程师的专业素养，因此很多人埋头钻研怎么才能写出整洁代码。在我看来，整洁代码不是写出来的，而是读出来的。换句话说，**不是写的人说自己的代码整洁就算整洁，而是读的人觉得整洁才算整洁。**

我们每个人写的代码都要被别人阅读，而别人阅读你的代码往往是带着问题来的。判断你的代码整不整洁，一个最基本的标准是，读代码的人根本不用问你，只要上下读几行或者看看注释，顺着逻辑就能知道这些代码是什么意思，以及他要用的话该怎么用。

因此，整洁代码的核心在于，你心里要装着将来要阅读这段代码的人，从方便阅读的角度去布局、设计。具体怎么做呢？给你两个建议：第一是遵守公司的编码规范，这一点前文已经说过；第二是写出干净的接口。什么是干净的接口？假设你写了一段代码，别人联调的时候不需要问你就知道接口该怎么用；一旦遇到性能问题，或者要在下个版本添加功能，别人很自然地就知道该在哪里加这个功能——这样的接口就是干净的接口。

我入行最初两年，桑杰·格玛瓦特（Sanjay Ghemawat）是我的团队领导，他在接口设计上有一套习惯，我觉得很受用。具体来说，他在评审代码时，会要求我们给接口加注释，在注释里给出一些基本的使用例子，告诉别人这个接口怎么用，比如怎么用这个接口写出一个小程序。而在一些高并发、多线程的程序里，他会要求我们注释清楚，某个接口是否允许高并发，它的线程控制是怎么样的，内存管理是什么样的，等等。这对读代码以及使用代码的人就非常友好。

那作为写代码的人，我们就要考虑得尽量全面一些，最好是不仅考虑到当下可能会遇到哪些问题，还能预想到明年会有什么需求，并考虑到当这个需求来的时候，可以在哪个地方改，给后来的人一个大致的方向，为将来的可扩展性预留空间。

总之，整洁代码一定是方便使用者的。如果使用者想到的问题你预先都想到了，并且在注释或文档里全部讲清楚了，这样的代码不会差。

— 陈智峰 —

代码注释：像说明书一样清晰

注释这个词我们都不陌生。图书或者论文中，如果引用别人的资料，或者想补充说明，编者都会加注释。但编码中的注释和书里的注释不太一样，编码中的注释更像一份说明书。比如接口部分的注释就会明确一个接口怎么使用，不可以用在哪里。

新人在写注释时，经常会犯一个错误——只说是什么，不说怎么用。比如对函数做注释，只对函数本身做了释义，而没有把重点放在"这个函数该怎么用"上。我之前见过一个最不好的例子是一个数学函数，注释里写的是，该函数做的事情跟另一套软件里同模块下函数做的事情是一样的。这样的注释就太随便了，根本没有考虑到别人看了注释后该怎么用。

其实我觉得好的注释是，别人带着问题去看你这段代码和注释，看完以后问题就解决了。

比如 C++ 注释规范中关于类注释的规范就描述得很清楚：可以为读者提供足够的信息，让读者知道什么时候、怎么样

使用这个类，以及正确使用这个类的注意事项，如图 2-4 的
例子：

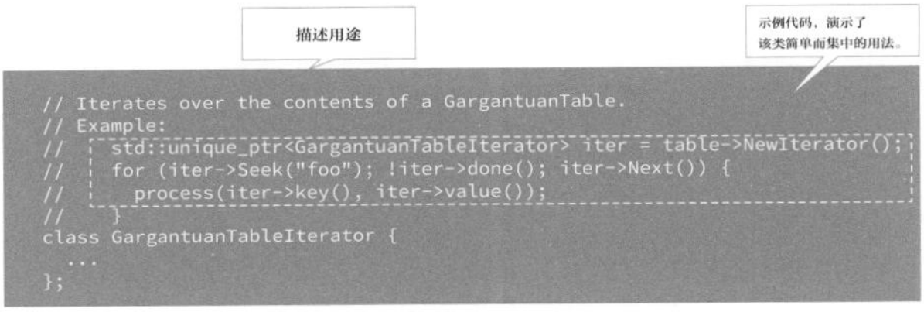

图 2-4

还有一些实现部分的注释，比如功能注释，一般要求写
代码的人对每个函数声明都加上注释，描述这些函数的功能
以及如何使用它，如图 2-5 的例子：

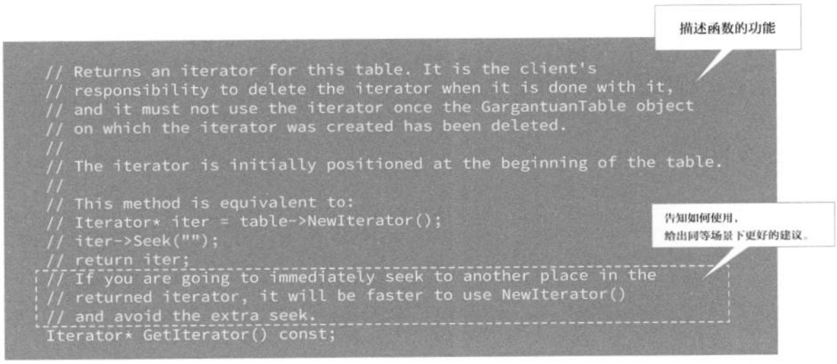

图 2-5

为什么一直在强调注释的重要性？因为当我想构造一个
新的程序，觉得可能需要调用之前代码里的某个模块、某个
函数的时候，脑海中会有一个大致的使用过程。当我去调用

这个模块或者函数时，好的注释直接摆了个例子告诉我，你这样写就好了，我得多省事呀。就像一份说明书，你去看的时候，脑海里有一个目标，然后它会非常清晰地一步一步告诉你，这样做就可以了。这就是注释应该起到的作用。

— 陈智峰 —

编程原则：教科书没有告诉你的"为什么"

　　网上关于编程原则的文章非常多，教科书上也有很多，但这些资料大多只告诉你这个技术是什么，不说为什么，或本质是什么，因此很多人只知其然而不知其所以然。下面我就通过四个重要的、你一定用得到的编程原则来解释一下，软件工程师为什么要坚持它们。

　　第一，避免重复原则（DRY，Don't Repeat Yourself）。这是一个非常基本的原则。简单来讲，写代码的时候，如果出现雷同或相似的片段，就要想办法把它们提取出来，抽象成一段独立的代码，然后用这一段代码去解决多种问题。

　　为什么要坚持避免重复原则？因为这样做既能降低程序的复杂度，又能减少维护的工作量。如果往深了说，避免重复就是逼着你去做抽象。当然这里的抽象并不是毕加索画画那种抽象，而是抽象成一种数学语言（计算机科学是数学的一个分支）。很多问题你只有把它抽象成数学模型才好解，比如代数就是一种抽象。举个例子。小明和小王的年龄加起来是 30 岁，他们之间相差 5 岁，小明比小王大，他们各是多少岁？遇到这个问题，我们就可以把它抽象成一个二元一次方程，假设小明的年龄是 X，小王的年龄是 Y，一算就出来了。再举个例子。假设我买了苹果和梨一共 30 斤，其中苹果比梨多 5 斤，问苹果和梨各多少斤？你会发现，我依然可以用前面那个解年龄问题的一元二次方程解水果问题。

这个世界上有很多业务问题是类似的，就像数学题一样，虽然是两个完全不一样的问题，但在底层逻辑上类似，那么我们就可以用同一种抽象解决很多种问题。比如银行决定是否给一个人贷款，和我们决定买哪个厂商的电冰箱的决策系统是类似的，可以抽象出一套标准的方法论。代码也是一样，**用一种方式解决多种问题，是避免重复原则的精髓，所以写代码写到高级阶段，其实是做数学建模。**

在程序的世界里，抽象是很重要的事。除了对于技术本身（包括数据类型、数据结构、算法、并发模式等）的抽象外，还有对业务的抽象，比如对业务流程的抽象、对业务模型的抽象、对业务数据的抽象。这是真正的软件工程师与"代码操作员"最大的不一样：真正的软件工程师是用抽象的模型解决更多的问题，而代码操作员从来都是用 case-by-case（逐个解决）的方式，通过使蛮力来完成工作。DRY 原则可以强化你的抽象能力。

第二，单一职责原则。单一职责原则指的是一个类或者模块应该有且只有一个职责，简单来说就是各司其职。这和社会化大生产分工是类似的。比如我要造一辆汽车，A 是生产轮胎的，B 是生产座位的，C 是生产发动机的，每个人只专注于生产一个部件，把它做到最好。而我要做的是把不同部件组装而已。这是最有效率的方式。

单一职责原则除了可以把复杂的问题简单化、模块化，从而降低问题的复杂度，让你更容易实现和驾驭，它还是一个可以让你的组件不断复用的原则，让你像搭积木一样拼装出整个世界。

第三，高内聚、低耦合原则。这是 UNIX 操作系统设计的经典原则，其中内聚指的是一个模块内各个元素彼此结合的紧密程度，耦合指的是不同模块之间的依赖程度。高内聚，低耦合（也叫解耦）简单来说，是让每一个模块做到独立，做到精益求精，同时把模块间的耦合降到最低，不会因为动了一个模块，而导致其他模块出问题。

举个例子。灯泡和开关，灯泡只负责亮、灭，开关只负责控制通电和不通电，这就叫高内聚。你设计灯泡的时候不需要考虑用什么开关控制它，不管是声控、光控、手动，统统不管；设计开关的时候也不需要考虑控制哪种电器，这就叫低耦合或解耦，不让它们直接联系在一起。

关于这个原则，我自己发明了一句话叫"没有依赖就没有伤害"——你不依赖于我，你崩溃了和我没关系；你依赖于我，你崩溃了牵连着我也出问题。在软件工程师的世界里，我们是不喜欢依赖的，我们喜欢脱钩，喜欢低耦合。

第四，开闭原则。 程序的世界里终究还是要有依赖，怎么办呢？我们需要一种通讯协议来解决，就是我们之间不互相依赖，但我们可以共同连接到一个协议上。比如灯泡和开关之间的通讯协议是电线以及灯泡的接口（包括螺旋口和卡口），只要满足这种协议，无论什么样的灯泡和开关，都可以连接起来。在工程领域，有很多标准化的协议将不同的部分连接起来，生产效率就会非常高。

而开闭原则具体来说是指，对修改是关闭的，对扩展（协议）是开放的。这是什么意思？比如灯泡内部的结构就是固定的，不可以修改；而对外扩展的协议是可以改变的，无论螺旋口、卡口还是别的什么口，都可以。这是为了保证把稳定的东西放在内核，把易变的东西扔出去，或者说把因为同一个事情、同一个原因改变的东西放在一起，把会因不同原因改变的东西扔到外面去，最终保证稳定性和重用性。

想象一下，所有的功能就像工具间里摆放着的各种各样的工具，等着上层业务来对它们进行编排（orchestration）。工具与工具（模块与模块）之间互不依赖，如果它们要建立联系，就得像工业化生产一样，依赖于一个标准的协议或是接口，而不是具体的实现和数据去完成。

上面这些原则看上去或许不难理解，要用好却不那么容易。你可以先了解这些原则，不必急着马上使用，先在工作、学习中观察和总结别人的设计，再回过头来看看这些原则，然后适度地去实现。不断重复这个过程，相信你会用得越来越得心应手。除了上面提到的这些原则，编程中还有很多其他原则，你也可以拿来活学活用。

— 陈皓 —

你可能已经发现了，无论是优质代码、整洁代码，都体现了软件工程师这一行对提高效率和不断优化的追求。工程师们喜欢优化一些笨重、繁杂或具有重复性的工作。

说到底，编程原则的目标也是优化，前面提到的四个编程原则是最基础的，非常重要，如果你坚持它们，你的能力会得到很大的提升。但还有另外一些原则不必完全追求，陈智峰老师认为有些原则不必迷信，工程师最需要关注的是，编码是为了解决什么问题。

解决问题：别把原则当教条

如果你去网上搜索"编程原则"，会找到很多文章，它们会告诉你编码要遵循一些原则，比如避免重复原则、KISS（Keep It Simple, Stupid）原则、单一职责原则，等等。

类似的原则还有很多。我觉得这些原则都很好，每个软件工程师都要有所了解。但还有一些原则，我们也不必拿它们当教条，比如"go to 语句不能用"这个原则在业内的争议比较大，我们在写程序的时候就不一定要去遵守。

毕竟我们编码的最终目的不是符合哪项原则，而是解决实际问题。程序就是一个解决问题的手段，核心问题是：这个程序真正要解决的问题是什么。像我们写散文、写应用文、写通告，它们的目的是不一样的。你要清楚，现在你写这个程序，它的目的是什么，然后再看现有的哪种编程思想更适合解决你的问题，你就按照这个编程思想来实现。

— 陈智峰 —

◎ 测试

很多人觉得，做程序最难的是写代码，后期测试是比较容易的部分，其实只要你真正写过一次程序就会发现，做测试比写代码难多了，因为做测试考验的是一个人全面思考的能力。

全面思考：做测试比写代码难

11

代码写好后，就要进入测试环节了。很多人对测试不够重视，匆匆上线，导致错误百出。其实测试是保证软件质量非常重要的一环。一般来说，程序测试包括单元测试、功能测试、集成测试、非功能测试、回归测试等。我们先来简单了解一下，它们分别有什么用。

1. 单元测试，一般是白盒测试。 每个软件都是靠一个个小模块组装起来的，就像汽车一样，里面可能有成千上万个零件。单元测试的目的就是测这些零件是否都能正常工作。可以说，单元测试是离问题最近的地方。离问题越近，解决问题的成本越低。反之，等汽车组装起来才发现有问题，再从上万个零件里找，难度不仅大很多，需要花费的时间也会多很多。

2. 功能测试，一般是黑盒测试。 每个零件都正常工作，并不意味着合起来也可以正常工作。一个功能是由很多个单元模块组装起来的，如果这些单元模块没有很好地配合在一起，互相矛盾，那整个功能也就不能正常实现了。因此，软件工程必须有功能测试，测一测各个模块合在一起能否正常运转。功能测试并不关心具体实现是什么，而是把软件当成一个黑盒（不知道里面是什么）来进行测试。

3. 集成测试。 软件内部由很多模块组成，同时外部还需要跟环境有交互，就像一个城市里有很多家庭，多个家庭组成一个社区，每个社区之间又通过交通、通信等方式互动。从测试的角度来讲，单元测试测的是家庭，功能测试测的是社区，集成测试测的是整个城市的交互。具体到软件工程上，集成测试其实模块和模块之间或者系统和系统之间的测试，比如"订单"模块和"支付"模块之间的测试。集成测试的难点有两个，一个是怎么把众多系统组织搭建起来，另一个是怎么定位测试过程中遇到的问题，这些需要很好的运维工具才能完成。

4. 非功能测试。非功能测试是另外一大类测试，它测的是用户不直接关心，但开发者要关心的部分。比如性能测试、安全测试、稳定性测试、健壮性测试、破坏性测试、可用性测试、灵活性测试，等等。非功能测试主要用来检查软件应用程序的非功能性方面（性能、可用性、可靠性等），帮助降低与产品非功能性方面相关的生产风险和成本，优化产品的安装、配置、执行、管理和监控方式。

5. 回归测试。回归测试的意思是把以前做过的测试以及犯过的错误再测一遍。它的主要目的是确保代码或配置的修改、需求的增加不会影响现有的功能。通常来说，回归测试的成本是非常大的，尤其是对那些使用人肉测试方式的公司来说。所以一般来说，回归测试意味着自动化测试。

关于测试的基本知识很多书都有介绍，这里就不多说，我在这里给两个建议。

第一，做测试最好的方式不是用人工，而是写代码。因为测试完全是重复劳动，而代码天生就是用来做重复的事的。所以，最好的测试是自动化，残酷无情地推动自动化测试，才是真正工程能力的体现。

第二，想要做好测试，先训练自己全面思考的能力。 做测试比写程序代码难，核心在于边界条件非常难测。比如测支付，A 付 B5 元钱，那测试就得考虑到如果 A 输入的不是 5，是 –5 怎么办？系统会不会倒付给 A5 元钱？这只是个简单的例子，我想说的是，做测试需要你正着想、反着想、侧面想，脑补各种可能性。这种批判性思考、逻辑思考、系统思考，以及举一反三的思考能力很容易被忽略，但只要注意训练，你会有这个能力的。

– 陈皓 –

以上是陈皓老师介绍的几种典型的测试方法。陈智峰老师则根据自己多年的实践，指出了测试中需特别注意的一些要点。

程序测试：对软件工程师的 基本要求

作为把控软件质量的关键环节，测试的重要性不言而喻，但很多新人真正执行的时候容易抓不到重点。关于程序测试，我觉得最重要的有以下几点，希望可以提供一点帮助。

第一，测试要自己做，尤其不能让用户成为你的测试工程师。

我听说以前的软件开发中，开发人员和测试人员是分开的，开发人员写完代码，另外一个组写测试用例（test case）来测试它。但实际上现在很多开发模式要求开发人员自己写测试。换句话说，你自己写的代码，首先要自己去测。

一定不要让用户成为你的测试人员，不能因为赶进度或者人手不够，不好好做测试就匆忙上线，否则大概率会有用户给你反馈回来一些非常基本的错误，一旦发生这种事就很尴尬了。

简言之，做测试是对开发人员的基本工作要求，不能假手他人完成。

第二，除了测试基本输入以外，还要努力构想更多的边界条件。

就像修隧道一样，修好之后你除了要测试普通车辆通过有没有问题，还要测试如果车辆超过隧道的最大高度，它是不是不能通过。

程序设计也是一样，函数输入的值是有有效范围的，如果只能输入正数，你就要看输入负数的时候会不会报错；如果只能输入负数，你就要看输入正数会不会报错。比如说一个函数的有效范围值是 –10~10，你还要测试 –13 和 14。测试时不能默认别人给的输入都是有效范围之内的数值。

另外，对被测试模块的不变量可能造成影响的输入数据也要格外小心。什么意思呢？

比如说银行里的转账程序，A 账户转入 B 账户，A 减少 10 元钱，B 增加 10 元钱，不变量就是两个数字加起来等于零，因为是个转账过程。

但是输入本身是需要满足一些条件的，这两条流程线是需要仔细测试的，因为可能有恶意的输入，让 A 减少 100 万元钱，到 B 那边是增加 10 元钱。你需要做更多的调验，不能让两边减少和增加的部分不相等。

第三，测试接口定义的程序语意，而不是当前实现的具体行为。

这一点涉及接口和实现的分离，简单来说，接口注重的是"what"，是抽象，而实现注重的是"how"，是细节。接口定义的程序语意是说，这个模块会做什么事情，而实现的具体行为是说，具体怎么实现这件事情。

举个例子，假设我到网上买东西，我希望挑好一件商品后，付钱，最后货送到我家。我买商品，商品送到我家，我只关心这个过程（这个过程相当于"接口定义的程序语意"），而不关心商家到底是用邮政快递送到我家，还是用顺丰快递送到我家（具体运送的方式相当于"当前实现的具体行为"）。

也就是说，在程序世界里，接口只定义从输入到输出这个过程，但这个过程其实可以有很多种实现方式，软件工程师写测试用例的时候要测输入和输出的过程，尽量不要检测中间步骤的效果。因为输入输出是稳定的，但中间步骤可以很灵活，我们要重点测试稳定不变的部分。

第四，对重要模块，编写的时候就要做到基本性能测试。

这就像造桥，桥梁最主要的功能是承重，所以你搭建的时候就要测试使用的材料能承受多少压力，这就是基本性能测试。程序也一样，重要模块的主要功能是什么，你要对此进行测试。

第五，对程序交付以后出现的问题和 Bug，要构建相应的测试程序并提交代码库，保证以后回归测试可以自动运行这个测试。

在整体系统交付之前，每个子模块的负责人都应该对自己的模块做到心里有数，这主要依靠测试来实现。你做一个项目，犯了一些错误，肯定会去打补丁修复它，通常来说你要先通过复现的方式让错误报出，然后去打补丁。

但是这里存在一个问题，以后别人再改程序，怎么保证同样的错误不会发生？如果你能写出自动测试的代码提交代码库，这样每次有人再改这个代码，都会被运行到测试用例，同样的 Bug 就不会再出现了。

— 陈智峰 —

◎改 Bug

程序测试上线之后，不可避免会出现 Bug，这时候快速定位和修复 Bug 就非常重要。在很多公司，新人进来干的第一件事，就是改 Bug。

执行任务：从改 Bug 开始

13

新人刚进公司开始工作，总想着要从 0 到 1 做个大项目。但在一些大公司，上级只会安排新人先完成一些小任务，通常是别人写好了设计文档或者程序，让你在已有的基础上改 Bug。

我刚参加工作的时候，新人期 90% 的时间都在改 Bug——先从代码里找出问题，然后想办法修复。很多人可能觉得，这种修修补补的工作没什么难的，但你不要小看它，改 Bug 看似简单，对刚毕业的新人来说，却是面对真实挑战的开始。

首先是代码库的规模成倍增加。想一想，你在学校积累的代码库最多几万行，一旦进入公司，随便一个项目组的代码就有十几万行，等到改 Bug 的时候，又涉及 5～10 个不同的项目组，可能就是上百万行代码。这时候要一层层把代码结构捋清楚已经很不容易，更别说还要在里面找出问题了。

其次是各种各样的 Bug 随之而来。学生时代遇到的 Bug 通常比较简单，但实际工作中会遇到很多复杂情况，比如，你不停地改代码、重启服务器，Bug 却依然存在；你知道某段代码里有 Bug，但试了很多办法都找不到问题根源；你刚修复了一个 Bug，却引入了另一个更致命的 Bug；等等。这些问题都非常考验新人的分析思考能力。

最后是试错成本大大提高。以前在学校完成作业也好，研究课题也好，基本都像演习一样，出了错并不会产生什么实质影响。但进了公司以后，修复每个 Bug 都是真刀真枪的实战，直接影响用户体验。你改错一个 Bug，可能导致亿万用户没法登录；你删错一行代码，可能导致整个系统崩溃。必须考虑周全、谨慎对待。

所以，不要小看改 Bug，你只有学会在海量的数据里找到 Bug，学会修补，避免出错，才能知道代码在真实环境里是怎么运行的，才能找到一名软件工程师的工作体感。

－ 陈智峰 －

定位 Bug：像侦探一样发现问题

很多新人找起 Bug 来毫无头绪，面对成千上万行代码，怎么才能找到问题的根源呢？其实只要掌握技巧和方法，就能大大提高工作效率。

Bug 可以分为"好的"Bug 和"糟糕的"Bug。所谓"好的"Bug，就是那些容易复现的 Bug，只有局部的逻辑错误，比如某个地方该用冒号却错用了分号，反复造成同一个问题。这种 Bug 比较容易，只要跟报告 Bug 的人沟通清楚，就能找到问题在哪儿，反复测试几次直接修复就行。

难处理的是"糟糕的"Bug，就是那种根本不知道问题出在哪儿的 Bug，这种 Bug 容易出现在多线程程序、并发程序、随机算法、分布式程序里，并且不容易复现。记得有一次，我所在的项目组出现了一个 Bug，怎么都找不到入口，整个谷歌从纽约办公室到印度办公室，十几个工程师接力调试，才把 Bug 找到并修复好，这就是糟糕的 Bug。要想定位糟糕的 Bug，有几个方法可以使用。

1. 模拟 Bug 场景：想象一下怎样的代码才会实现 Bug 导

致的现象，然后顺着这个思路去找。比如你遇到一个死锁问题，但是检查代码发现所有的锁都是配对的，没有忘记解锁的地方，而且锁很简单，就是一个普通的临界段（必须完整运行，不能中断的代码段）。这时候你就要想一想，这种情况下怎么才能造成死锁呢？只可能是在上锁的时候强制杀掉了线程，你去看看有谁强杀了线程，大概率能找到 Bug。

2. 二分法：先把代码一分为二，判断 Bug 可能在前面一半还是后面一半，如果确定在前半部分，就用二分法继续在前半部分里划分，然后再分，再分，不断缩小范围，最后定位。二分法不只是二分代码，也可以二分数据库、数据值甚至输入场景；一行一行地注释掉（通过注释符号使之暂时不运行）逻辑代码，看看会出现什么样的问题。

3. 调试工具：针对某些 Bug 使用调试辅助工具。比如 IDE 里的单步跟踪、多线程调试工具、性能调试工具、内存监测工具等，你可以用这些现成的工具辅助自己定位 Bug。

4. 极限测试：用足够多的测试机，设置不同的极限条件进行测试，观察测试结果有什么规律。比如在输入手机号的地方输入文字，如果你每次输入文字程序都会出错，你就要关注代码里关于文本输入的逻辑设计问题。

5. 小黄鸭调试法：如果你已经知道了某段代码大概率有问题，就可以拿一个小黄鸭或者小熊放在桌上，把它当听众，然后把这段代码对着它一行一行地解释，甚至为什么这个地方用数组都要讲得很清楚。这个过程可以帮你理顺代码逻辑，相当于让你用一种自言自语的方式，自发地发现问题。

当然，类似的方法还有很多，你可以慢慢探索。找 Bug 很像做侦探，你需要回溯现场、找线索、立假设、做推理……直到发现"凶手"。"侦破"的整个过程对新人的成长会有很大的帮助——新人除了能掌握找 Bug 的方法，更能对项目的架构设计、模块之间的调用关系等有更深的理解。

－陈智峰－

修复 Bug：务必小心谨慎

当你准确定位问题后，接下来要做的就是修复 Bug。一般来说，只要定位到了原因，修复起来会比较容易。但这时候依然不能大意，正式修复前，还有一件事情需要注意，那就是梳理整体设计、理解代码，保证你的操作不会影响到其他部分，不然很容易制造新的 Bug。

在你梳理整体设计的时候，还有可能会发现一些老的代码已经跟不上最新的需求变化，比如以前老的 C++ 的 STL 库在多线程下可能会出现很多问题；还可能会发现有些代码已经接近"腐败"，让人感到很不舒服。这时候你就得包揽重构工作。

重构是使用一系列手法，在不改变最终运行结果的前提下进行调整。在这个阶段你的每一步操作和修改都要很仔细，可能是数据的调整，逻辑设计的调整，最终使代码可以正确地按照预期运行。以下是重构时可以用到的几个方法。

1. 看整体：试着不从主线出发，而是检查 Bug 是否会影响其他支线。通过回顾所有的审查和测试等工作，看整个系统的合并及最终运行情况。最佳的方式是补充所有功能点的测试案例，甚至是单元测试。

2. 改细节：一步一步地重构。比如之前是因为复杂的嵌套导致某个 Bug 反复出现，这个阶段你就不是只改 Bug 本来出现的地方，还可以优化结构，让代码更易于理解，更安全。

3. review 之前的 review：在提交之前，找别人帮你 review 一下整个修复过程，看看方案是否完善，有没有更好的建议。

最后，当所有问题解决之后，一定要梳理下从最初找 Bug 到最后改 Bug 的整个过程。《程序员修炼之道：通向务实的最高境界》这本书也指出，"如果修复这个 Bug 花了很长时间，问问自己为什么"。你需要思考的是，怎么做才能吸取经验教训，将来在类似的问题上不再栽跟头，以及采用的方法、使用的工具是否还有可以改进的地方。

— 陈智峰 —

◎ 成长论

拆分任务：动手工作前，
　　　　先做任务分解

新人刚开始工作特别容易犯一个错误，那就是一股脑把成千上万行代码丢出来，让后续的评审、测试等同事苦不堪言。之所以出现这种情况，是因为这些新人没有意识到，接到任务后，好的工作方法不是毕其功于一役，一个人埋头干到底，而是先做任务分解，把大任务拆成小任务。

为什么要强调任务分解的重要性？首先，将一个大的任务分解，每个子任务要解决的问题就变少了。子任务写完后，发给评审，如果有问题，评审会迅速给你反馈，你接下来写其他子任务就能避免同样的问题。这就叫小步试错，不停迭代。举个例子。比如你要改一个比较大的 C++ 程序，这个程序里有 30 个文件，那最好的办法是先把每一个接口（.h 文件）和它对应的实现（.cc 文件）以及对应的测试（.ch 文件）

抽取出来，每 3 个一组，变成 10 个文件。接下来你就按这 10
个文件逐个修改，每改好一部分就提交一部分。这样一来，
如果你第一个文件改得有问题，后面的同事就能及时发现并
反馈给你，接下来再改第二个、第三个就能避免类似的问题，
整体改动也会越来越少，不至于造成大返工。

相反，如果你一次性把大任务完成了，将几万行代码，
无论是发给评审还是测试，后者一看，底层的代码都有问题，
那你就需要全面返工，很可能会耽误工期。

任务分解更重要的是，可以帮你理清解决问题的思路。
哪怕是毫无头绪的问题，通过任务分解也能找到解决办法。
我们来看一个经典的例子。我们都知道埃隆·马斯克有个目
标是送 100 万人上火星。要知道，以现有的技术，把一个人
送上火星需要 100 亿美元，100 万人就是 1 万万亿，实在太
贵了。马斯克怎么解决这个问题呢？他先把目标定为每人 50
万美元，相当于把成本降低为原来的 1/20000。接着他又把
20000 分解成 20 × 10 × 100。这是一道简单的数学题，也是
马斯克的三个努力方向。先看 "20"：现在的火星飞船一次只
能承载 5 个人，马斯克打算把火箭造大一点，一次坐 100 人，
这样就等于把成本降低为 1/20。再来看 "10"：马斯克认为自
己是私营公司，效率高，成本可以降到原来的 1/10。最后看

"100"：回收可重复使用的火箭。

你看，马斯克就是通过任务分解，让一件看似不着边际的事情变得靠谱起来。软件工程师领域也是如此，当你碰到一个大的任务，有时甚至是难以完成的任务时，先去拆解，拆分成子任务，然后聚焦于每个子任务怎么完成和实现，你会发现，最终大的任务也就能完成了。事实上，将大目标拆分成小目标，大任务拆解成小任务，是软件工程师非常重要的工作能力。

— 陈智峰 —

之所以做任务分解，本质上是为了简化问题复杂度。关于这一点，陈皓老师也给出了几条好建议。假设你要写一个程序，怎么进行简化呢？第一，抓住重点，去掉不必要的东西，留下必须要做的东西，找到任务主干。第二，按照单一职责原则对任务进行拆解，罗列功能点。第三，每个功能点对应一个小程序或小模块，写出模块，最后把它们拼装起来。

阅读代码：重要的不是写代码，
而是读代码

很多人觉得，软件工程师每天的工作就是敲代码，新人要想快速成长，就得不停地多敲代码。其实不是这样，对于新人来说，重要的不是写代码，而是读代码。读代码是一种有益的精进方式。

为什么这么说？打个比方你就明白了。读代码和写代码的关系，就像阅读和写作，要想写出好文章，先要阅读好范本，一开始你可能一句话都写不出来，没关系，先看别人怎么写。在谷歌内部，每个人的代码都是公开的，我会经常去读杰夫·迪恩（Jeff Dean）和桑杰·格玛瓦特的代码，看看他们是怎么写的，然后照着练习。除了公司内部，像 GitHub 这样的开源社区也有不少优秀的软件工程师，每个新人都可以为自己找几个标杆，长期阅读他们的代码，把他们当作榜样去学习。

当然，在阅读别人的代码的时候，也不要眉毛胡子一把抓，有几类代码值得重点关注。

　　第一，被反复使用的代码。如果你读了很多代码，发现不同的项目都在调用同一个函数，就要重点研究，看看它好在哪里——大家都在用的东西往往是标杆。

　　第二，穿越时间的代码。如果一段代码用了 10 年、15 年都没被淘汰，说明它的设计思想很棒。建议你关注这类代码的演进过程，尤其是它最旧的版本，最旧的版本往往反映了最核心的设计思想。

　　第三，好调试的代码。调试代码也是观察、学习、长经验的过程，如果有些代码你调起来非常顺手，大概率是因为写代码的人为你准备好了基础工具，比如日志、可回溯、测试方面的东西等。这时候你就要抓紧机会学习，看别人是怎么在早期搭建这些工具的，为以后自己写代码积累经验。

　　好代码读得越多，你能摸到的门道就越多，真正搞明白的理论、工具和方法也越多，长此以往，你就能快人一步获得成长。

－ 陈智峰 －

找到捷径：通读牛人代码

很多新人都有这样的困惑：从学校毕业，进入工作岗位后，有没有什么快速提升能力的办法？继续买很多编程的书，一本一本地看吗？不一定。以我自己的体验（当然很多工程师是这么干的）来看，更高效的方式是通读牛人的代码。

刚到谷歌的时候，只要一有空，我就找出公司里最牛的人写的代码，细细研读，他们的代码都是教科书级的，我自己动手写代码之前，通常会去先看一看他们是怎么写的。

为什么要通读牛人的代码呢？因为牛人的代码会让你明白什么才是真正好的代码。

首先，牛人的代码会非常清晰、明确、易用，自带使用说明。什么意思呢？就像你拿到一个面包机，不需要知道里面复杂的原理是什么，只要照着说明书去做，就可以做出面包来。好的代码也是这样，它能让别人看得懂，用的时候也不会出错。

新人可能会觉得，我这个水平的代码肯定没人看，我也不愿意让别人看，还要这么清晰吗？当然需要，清晰对工程师自己也很重要。代码考验的是逻辑，先有清晰的逻辑才能有正确的实现。你写的代码自己都看不懂逻辑是什么，怎么可能不出问题？很少有人把代码写得乱七八糟，去测试的时候还不出错的。

其次，牛人写的代码会非常高效。 一般的工程师需要用大量代码来解决的问题，牛人可以实现得非常简洁、精炼。内行都知道，代码行数不是越多越好，你用成千上万行代码实现一个系统，并不能说明你厉害，反而是用少量代码解决复杂的问题，才是水平的体现。牛人在归纳提炼和化繁为简上都炉火纯青。在谷歌，我们每个人都要给其他工程师做大量 Code Review。后来我做 Code Review 时，一般工程师提交的代码，我通常都能给出一些优化结构的建议。但对杰夫·迪恩这些大神的代码，你会发现，试图优化基本是徒劳的。他们的抽象和组织结构都恰到好处，真的是到了增之一分则太长，减之一分则太短的境界。

再次，牛人代码的通用性很高，可扩展。 一段代码可以解决很多问题，可以实现很多差异比较大的功能。举个例子。在编写服务端代码时，经常要用到 Event-driven（事件驱动）的架构里的 callback（回调函数）。在去谷歌之前，我见过的 callback 实现机制不少，但通用性和可扩展性都不太好，而且用起来很容易出错。谷歌有个大牛定义了一个 Closure 类，不管 callback 的参数列表如何变化，都可以用这个类来实现，完美解决了通用和易用的问题。

最后，牛人的代码都是自带风格的。 软件工程虽然是工科领域，但新人一定要明白，"Engineering is the art of technology"（工程是技术的艺术），这里面也有很大的艺术成分，写代码某种程度上也是一种艺术。虽然牛人的代码都清晰、高效、通用，但是他们风格不同，设计也不同，每个人都自己摸索出了一套实现这几点的方法。

这就像书法一样。四大书法家虽然写的都是楷书，但每个人的特点各不相同，欧阳询的笔力险峻、颜真卿的端庄、柳公权的瘦挺、赵孟頫的圆润。牛人的代码也一样，有的结构设计得很是巧妙，有的局部有非常精彩的点，有的把功能实现得特别漂亮……每个人的风格都很鲜明。

等你看多了代码，一看就能看出来是谁写的。你在学习的过程中，也慢慢能把他们的特色吸收进来。

– 郄小虎 –

关于在新人阶段如何快速提升自己的代码能力，陈皓老师认为最重要的是读文档和书，因为文档和书会告诉你为什么，告诉你背后的原理。

软件工程师大牛杰夫·阿特伍德（Jeff Atwood）说过这么一句话："Code Tells You How, Comments Tell You Why"（代码告诉你怎么做，文档告诉你为什么）。其实，杰夫这句话并不准确，我把它扩展一下——

代 码 → What, How & Details

文档／书 → What, How & Why

代码并不会告诉你 Why，看代码只能靠猜测或推导来估计 Why，容易有很多误解。而且，我们每个人都知道，Why 是让你一通百通的东西，也是让人醍醐灌顶的东西，这也是我们要看书的原因。

但是，代码会告诉你细节，这是书和文档不能给你的，细节是魔鬼，细节决定成败，我们看过很多代码，我们做技术时就会有很多的体会。当然，我们也要承认，这些代码细节给人带来的快感毕竟不如知道 Why 后的快感大（至少对我是这样的）。书和文档是人对人说的话，代码是人对机器说的话。所以，如果你想知道人为什么要这么写，你就应该去看书，看文档。如果你想知道让机器干了什么，那你应该看代码。

我认为读代码和读书都比较重要，关键看你的目的是什么。如果你想要了解一种思想、一种方法、一种原理、一种思路、一种经验，读书和读文档会更有效率一些，因为其中应该会有作者的思路的描述。比如《Effective C++》之类的书，里面有很多对不同用法和设计的推敲，像《TCP/IP 详解》里面也会对 TCP 算法的好坏作比较……这些思维方式能让你对技术的把握力更强。光看代码很难达到这种级别。

如果你想了解的就是具体细节，比如某协程的实现、某个模块的性能、某个算法的实现。那么，你还是要去读代码的。因为代码中会有更具体的处理。

－ 陈皓 －

重在过程：学习牛人的方法，
别抄答案

我们都知道，跟高手学习是提升自己的捷径，但这不意味着高手做一件事，你就跟着抄。你要做的不是照搬答案，而是学习解决问题的过程。问题总会变，技术也在变，但优秀的解题思路不变。要想学到解题思路，我有两个建议。

第一个建议，在高手帮你 review 代码的过程中学习。 当你写完一组代码，公司会让专家帮你 review，这就是很好的学习机会。专家会非常细致地点评你的代码——这个地方为什么糟糕，那个地方为什么不好。如果他有耐心的话，还会告诉你应该怎么写。他们在批评你的同时，也在告诉你好的东西是什么样。当专家指出你代码问题的时候，建议你重点关注他指出了哪些问题，以及下次如何改进。坚持这样做下去，你就能把代码写得更干净、更优雅、更漂亮。我 26 岁在 Platform 公司干的那几年，是写代码水平突飞猛进的几年，这很大程度上得益于高手们对我的代码进行了无情的批评。

第二个建议，跟高手一起解决难题。 为什么要强调解决难题？因为只有在遇到难题的时候，高手才会把最好的水平拿出来，他会使尽浑身解数，这个方法不行，再试那一个，他最厉害的东西会全部展现在你面前。

　　你可能会说，我一个新人，怎么才能有机会看到高手解决问题呢？答案是，你得想方设法接近他们。以我自己为例。我之前在一个外包公司，发现有个部门是专门做故障解决的，如果故障比较大，公司还会请一些技术牛人来帮忙。我就找到这个部门的负责人，想办法变成他的小跟班。虽然辛苦一点，但我有机会和公司厉害的人学习，还有机会接触公司外的牛人。你所在的公司，如果有这样的人和这样的部门，想办法接近他们。

— 陈皓 —

潜移默化：和优秀的人 一起工作

很多人强调工作中上级的指引，期待有一位技术很牛还愿意带人的上级，能够手把手地教自己。这固然是好的，但在我看来，和厉害的同事在一起工作，对一个人的成长帮助更大。

以我自己为例。2003 年的时候，我刚进谷歌第二年，我和三位同事花了一年多的时间，开发出了谷歌广告系统 Adwords 的 2.0 版本。

回顾这一年的工作，我觉得我基本上完成了软件工程师从新人阶段到进阶阶段的跨越（就是前面提到的从执行能力到融会贯通能力的跨越）。这个项目开始的时候，我对自己的要求就是写的代码不要出 Bug。但这个项目做完之后，我已经学会了怎么做取舍和预判，怎么融会贯通。

和非常厉害的同事在一起工作，你会在进阶的路上走得非常快。很多人要花十年时间才能完成的跨越，你一年多时间就完成了。

当时我们一个办公室四个人，在项目的一年期内，每天在一起，互相碰撞交流。你跟他们工作的时候会慢慢发现，每个人都有自己的特点：有的人对把性能发挥到极致特别着迷，会千方百计来提高性能；有的人善于拆解问题，拆得特别好……

当时我们团队要解决一个技术难题——面对飞速上升的广告数据，急需找到省内存的办法。其中 J 同事在这方面特别有天赋，他用后缀树这种数据结构解决了内存消耗过大的问题。另一个 K 同事，把复杂的数据结构由 byte 级别压缩到了 bit 级别（这两个例子的详情见"攻克难题 2：尝试不同的解决方案"）。我从两位同事身上学到了这两招，后来又做了一些优化，解决了另一个重启速度慢的难题。

所以我给新人的建议是，要想方设法和公司里非常优秀的同事一起工作，长此以往，别人身上解决问题的方法和能力，会潜移默化地成为你的一部分。和他们在一起，你基本上不会掉队，还有可能慢慢变成第一梯队里的人。

－ 郄小虎 －

除了看书、读代码、跟牛人请教之外，新人其实还有一种办法可以用——和身边的同事搭个伴，你们结成搭档，互相学习。这种办法虽然用的人少，却很有效。

我自己就有这么一位搭档，他是我的研究生同学，也是我在谷歌的同事，我们平时主要有两种学习模式——互为磨刀石，互为回音壁。

第一，互为磨刀石。在日常工作中，我写好代码会请他帮我 review，他写了代码我也帮他 review，我们就这样长期互相挑毛病，毫不避讳地指出对方代码里可能存在的问题。在这个过程中，相互信任非常重要，因为软件工程师大多容易沉浸在自己的问题里，又不太善于做高情商的表达，一遇到沟通问题，尤其是给代码挑毛病这种事，一句话说不好就容易引发误会。有了相互信任的伙伴，你就不再需要花费时间和精力去想这句话该怎么说，那封邮件怎么写之类的问题，你们之间无需猜疑、有话直说，就算你无意间说了不太客气的话，对方也能理解并接受，不会放在心上。

第二，互为回音壁。我在谷歌做的是偏研究型的工作，当时我在做 Zanzibar 这个项目时，很多时候解决一个问题有好几个方案，想到很多种可能，但我不确定选哪个，这时我就会找我的搭档 Ruoming Pang 讨论，把我的想法讲一遍，和他一起商量。他不见得会给我一个确定的答案，但讨论的过程能帮我理清思路，可能我自己说着说着就知道该怎么办了。我们在做工程的时候，特别需要有个这样的搭档，像回音壁一样给你反馈、帮你梳理。

软件工程师有些时候是单枪匹马去战斗，难免有自己发现不了的问题，也会有陷入迷茫、难以抉择的时刻，如果你身边有一个值得信赖的伙伴，作为旁观者帮你指出问题、理清思路，就能免去很多烦恼。反过来，你也可以通过同样的方式帮助对方，两个人搭伴学，双方都能有进步。

− 陈智峰 −

无论是跟牛人学还是跟同事学，讲究的都是一个主动学习的姿态。另外在所有职业里，软件工程师是一群特别爱分享的人，这一行流行一句话"天下程序员一家亲"，大家喜欢扎堆各种社区（比如 GitHub、Stack Overflow、CSDN、SourceForge、CodeProject 等），分享开发经验，所以只要你想学，总能找到提升自己的路径。

第三部分

进阶通道

◎设计程序

　　如果说新手阶段的工作重点是执行任务——上级告诉你任务是什么、要完成什么目标、一步一步怎么做，你按计划完成就好；那么到了进阶阶段的重点就是你要独立完成一个工作模块、独立设计程序，别人不会告诉你步骤，你需要自己找方法解决问题。这个阶段的关键能力叫作设计能力——你要学会分析需求，弄清楚模糊不清的问题；你要学会做技术调研，找到最佳解决方案；你要学会对问题进行抽象和拆解；你要学会搭建原型、设计架构……

　　进入进阶通道，你在工作上不再止于做执行，而是要更多地发挥创造性，独立设计和优化；在团队里不再止于埋头完成自己的事情，而是要做好一个项目从头至尾的把控，协调内外部的合作关系；在学习上不再止于跟别人学、碎片式地学，而是向内精进，搭建起自己的知识体系。如果你做好了这些，你的工作能力就能实现质的转变。

需求分析 1：避免 X-Y 问题

所谓"X-Y"问题就是有人想解决问题 X，他觉得 Y 可能是解决 X 的方法，但不知道 Y 该怎么做，于是他去问别人 Y 该怎么做。在软件工程师的工作场景里，需求方给出来的是 Y，而软件工程师不知道需要解决的问题 X 是什么。

当我们屏蔽了 X 问题以后，整个团队和组织全身心都围绕在 Y 问题上，直到经过大量讨论、浪费了大量时间后，有人开始询问并调查原始问题 X 是怎么一回事。最后大家发现，Y 根本就不是用来解决 X 的合适的方案。举个例子：

Q：我怎么用 Shell 取得一个字符串的后 3 位字符？

A1：如果这个字符的变量是 $foo，你可以这样来，echo ${foo:-3}。

A2：为什么你要取后 3 位？你想干什么？

Q：其实我就想取文件的扩展名。

A1：天呐，原来你要干这件事，那我的方法不对，文件的扩展名并不保证一定有 3 位啊。

A1：如果你的文件必然有扩展名的话，你可以这样来做，

echo ${foo##*.}。

不要以为 X–Y 问题在我们的工作生活中不会出现，这个世界有太多 X–Y 问题。因此做需求分析，首先要解决的就是找出 X 问题。有时候 X 问题已经被层层包裹了，所以，你要拼命地追问需求方——为什么要做这个事？有哪些数据和客户支持这个事？甚至你需要直接与客户沟通，了解他们的初衷。

— 陈皓 —

上文提到的 X–Y 问题，郄小虎老师在关于软件工程师和业务人员的沟通中也特别做了提示，请参见本书后文"外部沟通：知道怎么'规训'业务"一节。

需求分析 2：明确模糊不清的问题

设计程序前需要先进行需求分析，这也是软件工程师和产品经理进行充分沟通的环节。在这个过程中，最重要的是确定那些模糊的东西。要知道，在代码的世界里，1 就是 1，0 就是 0，非黑即白，没有灰色地带——只有把需求定义得清清楚楚、干干净净，你才能写出代码来。要想明确模糊不清的问题，有两个方法可以用。

第一，明确问题的边界条件。很多时候产品经理提出的需求非常模糊，比如"金额大一点的时候，就需要人审批；金额小一点的时候，就不需要人审批"，这时候你必须追问：什么叫大，什么叫小？3000 元叫大吗，还是 5000 元，10000 元？你必须给我一个明确的数字。再比如，产品经理说，"面对恶意的人，我们要如何如何""这个系统要能防住那些薅羊毛的人"，那你也要继续追问：什么叫恶意的人？什么叫薅羊毛？你能不能明确定义给我？如果产品经理定义不出来，程序就没法写。只有把边界条件明确地说清楚，定义出其中的规则和决策方式，软件工程师才能写出程序来。

第二，关注不可预期案例。绝大多数人都会把时间花在可预期的事情上，而忘了关注不可预期的、可能出现故障的一些问题。比如当这个程序走到某一步，走不下去了，怎么办？这些是产品经理和业务部门永远不会考虑的事情——产品和业务一般只考虑第一步做什么、第二步做什么、第三步做什么……可是，假如我做完第二步走不下去了，怎么办？他们不会考虑。而软件工程师必须把这些环节明确出来。

举个例子，比如说电商网站里的下单支付模块，产品和业务想的是，用户选好商品—下单—支付，就完了，非常简单。但是在这个过程中，如果用户下单了却没支付怎么办？我要不要把库存分配给他？假设我不分配，直接取消订单，那用户过了 10 分钟回来，发现之前下好的单失效了，极可能非常反感，所以比较好的办法是先分配库存；假设我分配了，但用户一直没回来完成支付，那这个库存就一直被占着，其他人用不了，这也不行。所以我们要进一步明确，用户多长时间不付款我就可以取消这个订单。

在实际开发程序的过程中，你会遇到很多很多类似的稀奇古怪的问题，遇到这些问题，你必须一一明确下来，让整个程序都跑通，这是一个非常重要的能力。

－ 陈皓 －

分析完需求，就正式进入程序开发的具体实施阶段。在这个阶段，上级不会像对待新人一样，告诉你每一步怎么做。而是让你独立设计、谋篇布局、实现需求。

设计程序：学会谋篇布局

03

很多年轻的软件工程师一到设计程序的环节就有点摸不着头脑，感觉要驾驭一个程序太难了。但其实设计程序并不难，它有点像我们写文章。

写文章时，我给你一个命题，你来构思文章结构怎么搭，分几个段落，每个段落表达什么主题，它们之间如何承接。设计程序也一样。一个需求来了，你要考虑怎么把它用程序实现出来，一个程序分成几个不同的模块，每个模块干什么，它们之间怎样协同配合。

当你考虑程序设计的重点时，就想想写文章吧。写文章最重要的是你要把从开篇到结尾的每一步都想到，不能漏了任何一个方面。设计程序也是如此，软件工程师必须考虑到整个系统的方方面面，从框架到模块到细节。一旦软件工程师缺少全面思考问题的能力，漏掉某些方面，就会出问题。

同样，写文章时，你得知道这篇文章的核心主张是什么，所有的谋篇布局都围绕这个主张来。如果没有围绕核心主张展开，整篇文章就等于什么都没说。而软件工程师在设计程序时，也要围绕需要解决的核心问题展开，如果核心的地方做得不够好，整个系统搭建起来了，却什么问题都没解决，就是一个失败的设计。

可以看到，软件工程师设计程序更多需要的是谋篇布局的能力、思考总结的能力。在新人阶段，大家更多的是不停地做，到这个阶段，就要有一定的独立思考的能力。别人只给你一个问题，你要给出合理的、科学的解决方案。

— 郄小虎 —

高度抽象：设计需要抽象能力

设计程序时，抽象是一种非常重要的能力。说到抽象，很多人搞不清楚它是怎么回事，更不知道如何实现，其实如果把抽象对应到我们常见的音乐、语言、数学领域，这件事就容易理解了。

我们都知道，音乐世界只有固定的几个音符，英文世界只有 26 个字母，数学世界只有 0～9 这 10 个数字，但是基于它们产生的音乐作品、句子篇章、自然数，可谓数不胜数。说到底，音符、字母、数学就代表了最高级的抽象。

换句话说，所谓抽象就是要找到一种通用的方法和规则，让大家在这套方法和规则下工作，而不是 case-by-case 地解决问题。所以，**从众多的实例、案例中归纳总结出通用的方法和规则，是抽象的核心思想。**

那具体要怎么抽象呢？简单来说就是，对一个概念或一种现象包含的信息进行过滤，移除不相关的信息，只保留与某种最终目的相关的信息。例如，一个皮质的足球，我们可以过滤它的质料等信息，得到更一般性的概念，也就是球。

从这个角度看，抽象就是简化事物，抓住事物本质的过程。

需要注意的是，抽象是分层次的。用维基百科上的例子，以下是对一份报纸在多个不同层次的抽象：

- 我的 5 月 18 日的《旧金山纪事报》
- 5 月 18 日的《旧金山纪事报》
- 《旧金山纪事报》
- 一份报纸
- 一个出版品

可以看到，不同层次的抽象过滤掉了不同的信息。这里没有展现出来的是，我们需要确保最终留下来的信息都是当前抽象层需要的信息。

其实软件开发本身就是一个不断抽象的过程。我们把业务需求抽象成数据类型、数据模型、模块、服务和系统，面向对象开发时我们抽象出类和对象，面向过程开发时我们抽象出方法和函数。上面提到的模型、模块、服务、系统、类、对象、方法、函数等，都是一种抽象。可想而知，设计一个好的抽象对我们开发软件有多么重要。

正因为如此，在软件工程领域，大家一直在探索高级的抽象方式。对于软件抽象来说，最常见的方法有两个：过程抽象和数据抽象。

所谓过程抽象，就是把要解决的问题分解为一个个小的子问题，然后用一个个独立的代码模块（如函数、类、API 等）来完成，再把这些代码模块组织起来构建成一个复杂的系统。在组织的过程中，消除相似的模块，消除模块间的依赖，尽可能让每个模块都能重用到其他业务场景下。这样就完成了抽象。

而所谓数据抽象，就是将复杂数据的使用和它的构造分离开来，数据结构用于定义数据的构造，数据接口用于定义数据的使用。通过隐藏数据对象的内部特征，定义数据的外部使用，大大降低系统的复杂度。

举个例子，对于电商网站上的产品属性，软件工程师可以怎么抽象呢？你可能会说，可以抽象成品类、尺寸等信息，但这种方法只适用于相对静态不变的产品。实际上很多产品经常发生变化，比如以前的手机并没有内存，突然之间智能手机出来了，顺带着多加了一些属性；再比如以前的沙发是沙发，床是床，突然之间出了沙发床，它既是沙发也是床，有了床和沙发的共同属性。

要想在产品信息不断变化的情况下，对产品进行稳定的管理，就需要做一个更高维度的抽象，具体抽象成什么样子呢？比方说我可以抽象出一个"属性池"，全世界所有的商品属性都在里面，然后我随便圈一圈，圈到的一组属性就代表某种商品，这样一来，这件商品就变成了一组属性的集合；同样的道理，某个品类也就是一组属性的集合。

这就是数据上的抽象，非常灵活，也非常容易理解，而且可以适应未来那些还不知道会变成什么样的商品。我们也可以看到，这种抽象用到了数学的语言和定义——商品就是一组属性的集合。一旦数据被抽象到了这个地步，就可以非常容易地定义出各种数学规则——当一个属性集合是另一个属性集合的子集时，那么它们就是父子类目。于是我们的程序和数据存储也会变得非常容易。如果你是新人，看到这里也许依然会觉得上面的内容有些抽象，没关系，很多东西必须有足够多的经历才会有感觉，多实践、多动手，相信你会越来越能理解。

如果你想对抽象有更多了解，推荐你看一本书：《计算机程序的构造和解释》。它对你做程序设计会有非常大的帮助。

— 陈皓 —

上面说到的是设计的心法以及设计时需要用到的非常重要的抽象能力。那具体该怎么设计呢？通常来说，设计分为原型设计、架构设计等主要环节。

原型设计一般是面向用户的，相当于提前打个样。这个原型里面可以完全没有代码，只是一个简单的演示，比如它可以演示一个订餐系统里的界面长什么样，优惠券在哪儿领、商品怎么分类、怎么加购物车，等等。之所以做原型设计是因为很多东西说也说不清楚，那就先做个原型出来，让大家有个讨论的基础，它本质上是为了让一些模糊的问题变清楚。

架构设计一般是面向开发人员的，相当于一份详细的施工蓝图。它包括概要设计（high level design）和详细设计（low level design）。做架构设计的人需要做好抽象和分解，画出整个程序的流程图，明确程序由哪些模块组成，它们之间是什么逻辑关系，等等。另外架构设计还包括很重要的一点，那就是技术调研。所谓技术调研指的是技术人员去了解业内类似问题的解决方案，然后根据自身情况选定关键技术，确认这些关键技术能不能跑通。

了解了这些基本信息之后，下面我们来看看，做原型设计、架构设计、技术调研的时候，各自需要注意什么问题。

原型设计 1：从最难的做起

很多人做原型设计喜欢从头做起，其实那些你心里已经有谱的东西并不是原型设计的重点，我的建议是**先做最难的部分，既能提早发现问题，又能节省开发时间。**

我之前在谷歌工作的时候，每周二和周四有设计评审会，每个团队有什么新的改动，都要接受公司里段位非常高的人的评审，接受评审的人一定要准备得非常充分才行。基于这个背景，我们那时候做原型设计一定会挑技术难度最大、最重要的一个，把它实现出来。等把最难的部分实现了，自己觉得大概率没什么问题了，才会把设计文档交到评审会上去。

为什么要挑难度最大的先做呢？因为一旦你把最难的问题解决了，主要的问题就解决了，整个设计就没什么大的障碍了，这时你对项目的信心和成就感也就建立起来了。

举个例子。我们团队当时设计一个搜索的程序，那时世界上还没有一个搜索引擎能实现正则表达式（一种字符串匹配的模式）的搜索，我们在做原型设计的时候率先把这个问题解决了，用一段新的代码替换了谷歌搜索原来的代码。这是整个项目的难点，原型设计阶段解决这个问题之后，后期整个项目的推进就非常顺利。

当然，如果你对最难的部分做了评估后，觉得以当下的技术和人员难以攻克，那么整个项目可能就要往后放一放，不必继续浪费时间。

－ 鲁鹏俊 －

原型设计 2：原型设计的
关键是接口

说到原型设计，很多软件工程师特别关注功能的完备性，首先考虑要实现哪些功能。**但原型设计最根本的哲学不是实现功能，而是要注重接口。**

为什么这么说？因为接口设计的好坏会直接决定整个项目设计的好坏。在新人的部分我们讲过，接口相当于一种协议，如果一个接口没有设计好，就会导致原型经常性地改变，比如因为其中的一个子模块接口出现问题，导致要调整项目的整体设计，这样相当于重新设计，是非常糟糕的后果。所以，在原型设计中，接口设计是重中之重。然而很多软件工程师总是过度关注实现细节，所以他们往往局部代码写得不错，整体设计却相对较差。这点需要在进阶阶段多多注意。

那怎么才能做出好的接口设计呢？我的建议是前后多想几步。举个例子。如果你的项目在第一步，你就要考虑以后可能会做第二步或者第三步，当前的接口设计能不能满足后续的开发要求；而当你做第二步或第三步的时候，假设有个方案 A，你一方面要考虑，方案 A 能不能跟已有接口匹配，会不会对已有接口产生不好的影响，另一方面还要考虑，方案 A 会不会在第四步、第五步的时候导致什么问题。无论是往前还是往后，你想得越远，接口的稳定性就越好。

在每个选择的节点，你可能会面临两种场景：

1. 当前方案遇到了问题，这个问题没办法绕过去——那就要退回到原本的原型设计，确认其他解决方案是否可行；

2. 现在还不能确认当前方案对其他步骤的影响，但是你根据整体的设计判断，将来不管是第四步还是第五步，大概率都有应对的解决方案——那就执行你的方案。

总的来说，当你做原型设计时，一定要关注接口设计；当你做接口设计时，要有更多的考量，想一想每个阶段可能会调用哪些接口、每个接口需要哪些字段、怎样定义数据，等等。只有把这些问题想清楚，才能避免不确定因素对项目整体的影响。

— 陈智峰 —

架构设计1：分而治之，
理清思路

架构设计这个词给人的感觉似乎很高深，很多人不知道从哪里入手，其实只要掌握一个思想，你的思路就能清晰起来，那就是"分而治之"。

架构设计是什么？简单来说就是把需求进行抽象和分解。作为设计架构的人，首先你要知道怎样把同类型的内容抽象出来，还得知道实现目标要分成哪些步骤，以及怎么从大的步骤里切出小模块（设计模式）。

举个简单的例子。假设我们的需求是从海量视频里选出20个短视频来显示，那么你就得好好思考一下：首先，视频那么多，具体选出哪20个短视频？这里有一个很重要的内容叫作"扩召回"，它有很多方法来选择，可能根据用户的兴趣（method1），或者根据用户点击频次（method2），或者用协同过滤的方法（method3）……抽象就是把每一个方法实现到一个类里面去，再把所有这些类抽象成一个接口，比如GetMore。

选出视频后，你需要一个**推荐模块**，负责给出 20 个视频的 ID。

收到每一个 ID 之后，对应的视频内容从哪里来？这时候你需要一个**存储模块**，存放所有的视频数据。

拿到视频内容后，怎么显示给用户？这时候你需要一个**显示模块**，直接面向所有用户。

这样一来，推荐、存储、显示三个大的模块就分出来了。再往下你还可以细分出很多子模块，比如把显示模块分成播放、快进、点赞等子模块，从大到小一层层分下去，这就是分而治之。

划分模块时需要遵循"高内聚，低耦合"原则——每个模块高度内聚，模块和模块之间要解耦。内聚是说相似的东西都要放在一块，解耦是说两个很不一样的东西要尽量分开。

做架构设计之所以要分而治之，并采用"高内聚，低耦合"原则，主要有两方面的好处，第一，有利于捋清思路，让设计变得清晰；第二，有利于团队分工，让每个人做自己擅长的事情，各自负责不同的模块，不用相互扯皮。当你做好层层分解后，会很清楚每个部分是做什么的，别人看了也不会晕头转向。

做架构分析很考验一个软件工程师的功力。现实中有些软件工程师连流程图都不会画，就是因为根本没想明白自己想做什么。

上面只是举了一个简单的例子，如果你对架构设计感兴趣，可以去读一本很经典的书《设计模式：可复用面向对象软件的基础》。

－鲁鹏俊－

架构设计 2：考虑异常情况和极限情况

架构设计在软件设计中是非常重要的一部分，它是把需求分析和设计开发连接在一起的环节。可以说，架构设计的好坏直接决定软件开发项目的成败。

通常情况下，高效性、复用性、可维护性、灵活性都是比较基本的好的框架设计的要求，这里不再多说。在我看来，不管是你自己设计，还是看别人的设计，一定要关注的问题有两个。

第一，考虑系统的异常情况。我们必须假设任何环节都会出问题，都会出现异常，并基于这种假设，去做更周全的架构设计。我们需要知道每个异常出现后应该怎么解决，比如宕机了怎么办，断电了怎么办，光纤被挖断了怎么办……这些问题都得考虑到。

第二，考虑系统的极限情况。我们做一个系统，就要提前考虑这个系统最大能承受多大的流量，在发生一些极限情况时，系统会怎么反应。比如说阿里每年双十一，对后台系统要求非常高。平常情况下系统行为是什么样的，突然来一个高峰时，行为又是什么样的？这些都需要提前搞清楚。其实很多时候架构设计跟工程方面的设计很像。以前我上学的时候，教系统架构的老师就讲过一个土木工程方面的例子，如果你造飞机，需要把模型放到一个风洞实验室，测试飞机在强风情况下是否会解体。如果你造桥，还要设想放两倍或者三倍于最大载荷的重量，这个桥能不能承受。

－ 陈智峰 －

技术调研：寻找最优
解决方案

技术团队经常会接到一些以前没做过的需求，不太确定实现细节，这时候就需要做技术调研，看看同样或类似的需求在业内有没有被实现过，分析不同方案的优缺点，得出结论，做出决策。

如果你去网上查"如何做好技术调研"，会得到很多实用的建议，比如要充分理解需求、尽可能搜集资料、合理安排时间，等等。这些建议都很好，也比较容易理解，这里不做赘述。我自己做技术调研总结了两个心得，分享给你。

第一，调研做得好不好，和阅读代码的能力高度相关。同样是做调研，有的人做得又快又好，有的人很长时间都理不出头绪，其中的差距在于阅读代码的能力。代码读得越快，意味着你的搜索能力越强，越能快速定位自己想要的东西。一般我们做调研都是带着问题去的，面对别人写好的代码方案，如果你读代码的能力强，读几段就能知道大概是什么意思，以及哪个地方跟你的问题相关，然后直接跳到相关地方，不用一行一行地去找，这就大大提升了调研效率。[1]

第二，分析优缺点，结合场景才有效。做技术调研会涉及分析不同方案的优缺点，这时候需要注意，分析优缺点不能泛泛而谈，而是要结合实际场景。为什么要强调场景？因为优缺点只有在场景下才成立，如果缺少场景，那么只有特点，没有优缺点。比如一辆车很贵，配置也不高，那么"贵"就是它的缺点吗？不一定，得看场景。如果是土豪为了炫富，那么贵就是优点；如果是普通人以实用为目的，那么贵就是缺点了。回到技术调研上来，我们的实际场景就是公司的现状，这一点很容易被忽略。

– 鲁鹏俊 –

1　这里顺便提一下，阅读代码的能力是需要慢慢培养的，我一开始也不擅长读代码，后来研究生毕业的时候，我做了一个中文分词相关的毕业设计，当时用了中科院的一个开源系统。为了弄清楚中文分词是怎么做的，我从头到尾把它的每个代码读了一遍，并且边读边记——这个类是干什么的，那个功能有什么用，一一记下来。我先是一块一块地读，最后把笔记拼到一个大图里，然后一下子就有了整体感，理解了中文分词原来是这么做的。读代码是一个从小到大的过程，需要逐步积累，可一旦你有意识地培养这个能力，以后就能越读越快。

◎ 项目管理

软件工程：不同的开发模式
10

　　说到项目管理，很多行业都有涉及，其中无外乎项目排期、资源分配、节点把控、风险管理等内容。一般来说，项目管理的方法很通用，也就是你在其他地方看到的项目管理方法，放到软件工程师这一行依然适用。但这一行有一点和其他行业不太一样，那就是它有几种不同的开发模式，对应着不同的管理方法。

　　第一种是瀑布式开发模式。这是一种传统的软件开发模式，简单来说就是一层一层地开发。先分析需求，产生需求文档；再做概要设计，技术选型等；接着做详细设计，事无巨细地梳理流程和细节；最后编码、测试、上线。

　　但由于用瀑布式开发要考虑得非常全面，相当于一群人要在一块巨石上雕出一个巨大无比的雕像，所以一个项目可能得五六个月，甚至一年才做完，它的缺点就是慢。

第二种是敏捷开发模式。它的意思是我在做雕像前，先由一个高手把框架开发出来，然后把后续的任务拆解成一个个小模块，拆得越碎越好，接着让每个团队（甚至每个人）负责其中一块，大家根据协议并行开发，最后拼在一起。这样的话一个项目可能只需要一两周就能上线。敏捷开发的特点是，我不需要一直做到很完整的程度再上线，而是做一点发一点，小步快跑，快速迭代。它的本质是化繁为简。

但值得一提的是，敏捷开发虽然高效，搞不好也会变得一团糟。有的公司滥用敏捷，用这个方式为自己的不思考找借口，没想清楚就直接干。他们总是会说，"这个问题我们在下个版本迭代时再说""先上线再说"……他们以为这种"后面再说"的方式就是所谓的"迭代"，同时不断地回避关键问题，最终问题绕不过去，只能推倒重来。

第三种是班车模式。意思是我的发布每周一次（比如每周二），如果你能赶得上就跟着一起发，如果赶不上就等下一班。这种模式看上去像是瀑布和敏捷的一种折衷方式。为了控制变更的需求，开发不要太快，也不要太慢，按一定的节奏来。

第四种是分布式微服务开发模式。也就是把代码库、数据库全部分开，每个服务都由一个全功能的小团队（前端、后端、开发、测试、运维、产品）来负责，这样就可以把一个大部门拆分成多个小分队，让代码更容易维护和上线。这种开发模式的好处是，所有团队之间没有工程上的依赖，大家耦合在一个标准统一的开发模式和框架上，能非常方便和高效地协作。这就是所谓的 DevOps 开发模式。

－ 陈皓 －

对于很多互联网公司目前正在使用的班车模式（有的公司也叫"火车头模式"），我们请鲁鹏俊老师进行了详细讲解。

流程管控：用火车头模式
避免研发延期

在技术团队里，研发 delay（延期）是一个长期以来的痛点。很多人觉得，计划赶不上变化，从接到需求到最终实现有太多不确定因素，很难做到按时发布。其实只要找到合适的研发模式，就能很好地避免 delay。这套模式就是我们团队正在用的火车头模式。

什么是火车头模式？我们通常以三周为一个周期规划需求，一个需求从提出开始，三周后必须发车（上线）。与此同时，每一周都会有一个版本发出去（相当于每周发一趟车）。这周发的车，实现的是三周前的需求；下周发的就是两周前的需求；下下周发出的是一周前的需求，以此类推，需求是并行着实现的。

图 3−1

我们会把每个需求看成车厢内对应的座位，同时每个需求都会有一个 flag（相当于单个座位的开关）控制。这么做的目的是保证火车不 delay，三周时间到了必须发出去，不会由于某些需求没有做好，没有做完善，就 delay 所有的需求。

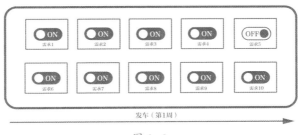

图 3-2

具体来说，如果在这一周的版本里，"需求 5"由于本身的复杂度或者开发人员开发成熟度不够高等原因导致未能实现，那在发车时我们就把这个需求的开关关掉（关掉的意思是这个需求的代码基本上对外不可见了）。假设这一班车总共有 10 个需求，其中 1 个需求完成不了，那我们不会由于这 1 个需求 delay 所有的需求。

因为每一周都有一趟火车发出，如果你的需求在第一周上不了线，可以放到下一周要发的版本里，把 flag 打开，你就可以上车。也许下一周就是 11 个需求发出去了——虽然最开始规划的是 10 个，但还有一个需求是上一周 delay 到第二周的。

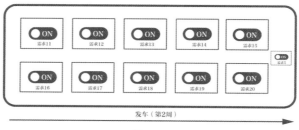

图 3-3

　　在整个项目里，火车头模式能有效提升开发效率，是控制流程的重要方式。当然，不同的公司可能管控方式不一样，大家可以多看、多学、多借鉴。

－鲁鹏俊－

验证效果：做 A/B test，用数据说话

很多技术团队有一个痛点，好不容易开发出来的程序，发版后效果并不好。是前期的研发工作出问题了吗？不一定。很可能是因为没做 A/B test（AB 测试）。

A/B test 是我们发 App 时测试新增需求效果好坏的一个利器。我们会用增加了新需求的版本 A，和没有增加新需求的版本 B，测试用户的不同反应。比如 App 要从 2.5 版本更新到 2.6 版本，我们一开始不会让所有人都更新，而是只放开 20% 的更新权限，在这 20% 的用户里，可能会有一半完成更新，那么我们就以这些用户为对象，仔细观察：

（1）新增需求会不会损害既有流程，比如会不会导致崩溃、内存泄漏等；

（2）如果不会损害流程，是否存在其他问题，比如新增功能本身不好用等。

A/B test 不属于测试阶段，但在上线过程中很重要。如果发现没有问题，我们就会把需求都发出去，如果有的需求发

生崩溃，我们就会把崩溃对应的需求开关关掉，也就是在线上屏蔽掉。虽然有崩溃，但最终是不可见的。

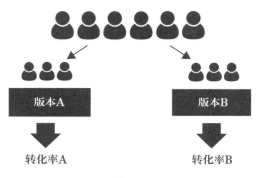

图 3-5

对于每一个具体的需求，我们都可以做 A/B test，通过流量分层去灰度——激进一点可以开放给 50% 的用户，不激进的开放给 20%~30%——灰度后我们会看到 A/B test 的结果及数据，通过数据判断新版本的留存会不会涨，如果是涨的就很放心，可以按照流程正式发版。

－鲁鹏俊－

监控打磨：上线前
做好监控与压测

等到所有开发工作完成，还不能立即上线。**上线前有两件事必须做完，一件是监控打磨，另一件是压力测试。**

首先是监控打磨。在我看来，如果一个架构师不怎么建监控，那这个架构师肯定不怎么样，这是绝对的。因为监控会直接反映系统问题，帮你快速定位 Bug，是一个非常有效的工具。我曾经用建监控的方式发现了某个系统的上千个 Bug。具体怎么做呢？

先建一个测试环境，然后把整个系统分成若干部分，接下来在每个部分里建立指标。以音视频数据的传播为例，数据从 A 点传到 B 点，大致分 3 个过程：（1）从主播端传到接入服务器的过程；（2）从接入服务器传到服务器另一端，也就是核心网的过程；（3）从核心网传到观众端的过程。假设你最开始就以这三个过程的延时时间为指标，那么当你跑数据的时候，监控会把延时记录下来。如果程序跑着跑着，你突然发现有一个 peak（峰值）——正常延时 500 毫秒，程序突然产生了一个 1 分钟的延时，你就要搞清楚这是为什么。

为了找到答案，你需要打点，比如一个程序里有 X、Y 两点，从 X 点到 Y 点用了 1 分钟，但你不知道这 1 分钟是在哪个地方用的，那么你可以在这个程序里打 10 个点，弄清楚每两个点之间用了多长时间，然后就能定位哪个地方可能有问题。

监控实际上是一个闭环。针对你的设计会有一个监控程序，有很多的测试用例，也就是我们常说的 test case，进入到测试环境时，你就不断地在上面加各种各样的 test case。如图 3-4 所示：

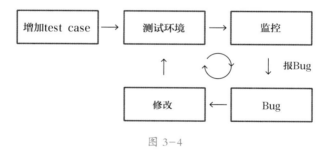

图 3-4

设计在测试环境跑起来之后，你的监控上会有各种各样的指标，发现问题时就会自动报 Bug，报出的 Bug 就进入 Bug 系统。工程师可以修改 Bug，然后把修完的代码再次提交到测试环境里去，让它在里面不停地迭代，这么一来很快就能把 Bug 修好，你的监控也会很快地建立起来了。

有了监控之后还需要做压力测试，比如现在你的系统流量是 100qps，如果流量变成 1000 qps，这个系统还能不能扛得住？做压力测试一般可以上 10 倍的压力。如果经受住压力测试，说明这个系统没什么问题，才能正式发布。

— 鲁鹏俊 —

◎ 团队合作

外部沟通：知道怎么
"规训"业务

在几乎所有互联网公司，业务和技术经常处于撕扯状态，业务觉得你的技术都是为我做的，结果做出来哪儿都不好用；技术觉得业务啥都不懂，提的需求简直匪夷所思。那作为软件工程师，你该怎么处理这一困境呢？是用更高的声量在会议上吵赢吗？不对。你要知道怎么去"规训"业务。

首先，你要告诉业务，不要把技术仅仅当作需求解决方。业务如果只是把技术当作需求解决方，得到的就是被动的技术团队。而如果真正把技术当作解决问题的参与方，技术的主观能动性就能被调动起来。

其次，你要告诉业务，不要直接将需求丢给技术，而是要告诉技术真正想解决的核心问题是什么。

为什么要特别强调这一点呢？因为有时候业务提的需求并不是真正的需求，他只是给了技术团队自己认为的解决方案，要求技术去实现。但是业务真正想解决的核心问题，可能并不是用这个方案能解决的，或者这个方案不是最好的。如果业务能把自己想解决的问题告诉技术，那么技术就会一起来想办法，还可能会想到更好的方法。

我在谷歌广告团队时，负责提升从搜索到广告转化的成功率。成功率会通过一个叫 RPM 的指标反馈出来。公司的业务团队发现中国的 RPM 值一直偏低，就跟技术团队沟通。但是他们没有直接说要提升 RPM 值，而是说"你们把广告字体变大一些，广告背景色调得更加醒目一些"。这时我们就问了，这么做想解决的核心问题是什么？沟通之后，才知道是要提升广告的 RPM 值。

于是我们开始针对这个需求作调研。调研发现中国的用户有一个习惯，一打开页面，上面的部分根本不看，直接看下面。但是谷歌的广告展示是在顶部的，所以导致中国的 RPM 值就比较低。后来，技术团队将展示的位置调到最下面，很快就把 RPM 值提起来了。

你看，业务提需求时，有时候真正想解决的核心问题并没有给到技术团队。如果我们直接按照业务提的，把广告字体改大，把广告背景色调亮，可能反而会让用户体验更不好，导致 RPM 更低。但如果和业务沟通了核心问题，技术就会一起来想办法，我们根据关键问题选出最优的解决方式，其实只是做一个简单的小调整，就把这个问题很好地解决了。对技术来说，这是一个更加高效的解决方案；对业务来说，也解决了真正的问题——这样双方都能比较愉快地把事情推进下去。

最后，你要告诉业务，今天我们面临的所有问题都不是单纯的技术问题，大家一起努力，才能从根本上解决问题。业务提需求前应该先去思考相关问题的产生来源，下次会不会再出现，多给出一些可供技术人员参考的信息，明确哪些需要技术解决，哪些需要业务解决。

总之，技术只有知道如何和业务沟通，才能把需求实现好。

– 郄小虎 –

内部协作：平衡前台团队
和中后台团队

与技术团队和业务团队之间的沟通障碍相比，技术团队内部的沟通，大家肯定认为会非常顺畅吧，毕竟技术人员的思维方式、话语体系都是一样的。但其实，并没有那么和谐美好。

在技术团队里，我们通常把离业务近的团队叫作前台团队，把离业务远的团队叫作中后台团队。技术团队的沟通之所以出现问题，用一句话概括就是，离业务近的同学觉得离业务远的同学做的东西都没用，离业务远的同学觉得离业务近的同学做的东西太短视。

这其实是一个长期目标和短期目标平衡的问题。

中后台团队一般都希望把系统尽可能做大做深。而前台团队的目标主要是怎么尽快给业务交付功能。目标不一致，两个团队的诉求不一样，就很容易发生矛盾。这时候，就需要大家互相理解，理解对方的诉求是什么、真正的痛点在哪里：从后向前，中后台要有意识，主动去理解前台团队的需求；从前往后，前台团队也不能仅仅因为业务的压力，就用短期目标来要求中后台团队做不合理的事情。否则中后台团队的动作会变形，最后造成的影响就是不停地打补丁，代码的可维护性、可扩展性越来越差，没有技术的沉淀，人员也不会有成长，最终交付业务功能的速度越来越慢。

我经常说，技术是第一生产力，有放大器的作用，能够把结果规模化、高效化地放大。这就像数字里 0 和 1 的关系一样，1 后面的 0 越多，这个数字越大，但前提是前面要有一个 1 才可以。具体到技术团队，前台团队是那个 1，中后台团队就是后面的 0。因此，中后台团队要围绕着 1 去建设，去创造价值，去解决前台的需求和痛点，甚至在前台团队还没有看到之前就预见出一些可能发生的问题，从而给前台团队提供有价值的服务，这样双方都能达到一个比较好的平衡。

－ 郄小虎 －

◎学习进阶

直击内核：打牢基础，以不变应万变

　　计算机行业总会出现很多新东西，变化无处不在。很多人问，怎么学习新技术？怎么跟上新变化？我想说的是，**要想应对变化，很重要的一点叫以无招胜有招，以不变应万变。**

　　之所以这么说是因为，变化都是表面的东西，内在的东西其实变化不大。也就是说，理论层面变得不多，只是在形式上今天一个样，明天另一个样。所以要应对这种变化，你一定得打牢自己的理论基础，提升内功修养，比如编程的一些方式、修饰模式（添加新的行为的设计模式）、解耦、提升代码重用度等。提升代码重用度必须解耦，必须提升抽象能力，这些都是很基础的内容。无论用什么语言，都是这么做的。

当你打牢了基础，就更容易突破瓶颈。技术世界里不存在量变会造成质变的现象。什么意思呢？量变到质变是说，我们砌砖头建房子，砖头砌够了，就可以把房子建出来。但在技术领域不是这样的。你砌砖头砌得再多，一个模块的代码写得再多，也不能让你能成为一个架构师，因为你不懂原理，不懂科学方法。只有掌握了原理，你的能力才能长上去。就像学数学一样，当你掌握了微积分这种"大杀器"，你解题的能力就会所向披靡，而微积分绝对不是你能"量变"出来的。

所以你必须学习基础的理论知识，如果只学一些表面上的解题思路和方法，技术的形式一变化，你会发现以前学的都没用了，要从头再学一遍。

掌握技术基础可以帮你推导出问题的答案，因为基础是抽象和归纳，很容易形成进一步的推论。我们学的很多技术实现都逃不脱基础原理，不管是 Java，还是其他语言，只要用 TCP（传输控制协议），用的都是相同的原理。所以你只要抓住原理，举一反三，时间长了就能自己推导答案。

对于技术的基础，我分成以下四类。

1. 程序语言：语言的原理，类库的实现，编程技术（并发、异步等），编程范式，设计模式……

2.系统原理：计算机系统，操作系统，网络协议，数据库原理……

3.中间件：消息队列，缓存系统，网关代理，调度系统……

4.理论知识：算法和数据结构，数据库范式，网络七层模型，分布式系统……

这些知识其实就是一个计算机科学专业的学生所要学习的原理，如果你的学校没有教或教得不好，一定要自己去看经典的教材，世界上最优秀的计算机教科书都有教。

当然，就算自学，这些基础技术也需要大概四五年的时间积累。过去 20 年来，大家都说技术日新月异，但其实原理都没变，变的只是形式，核心还是这些内容。是否掌握这些原理直接影响你能飞多高，因为懂原理的人和不懂原理的人能解决的问题完全是两个层级。

－ 陈皓 －

我们经常说，软件工程师要持续学习，因为这一行的既有知识和新知识都太多了，学都学不过来。每个人都在持续学，如果你想在知识上超过别人，就需要在以下几个方面做足功夫。

第一，用好知识树。任何知识，只在点上学是不够的，你需要在面上学，这叫系统地学。系统学习要求你去总结并归纳知识树或知识图。我们都知道，一个知识面会由多个知识板块组成，一个板块又有各种知识点，一个知识点会导出另外的知识点，各种知识点又会交叉和依赖起来，学习就是要系统地学习整个知识树。我们以 C++ 为例，来看一下知识树是什么样的。

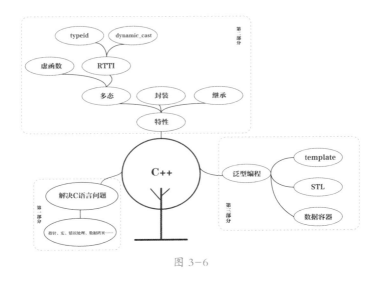

图 3-6

对于一棵树来说，"根基"是最重要的，所以，学好基础知识非常重要；身处一个陌生的地方，有一份地图是非常重要的，没有地图你只会乱窜，迷路或走冤枉路。

第二，探索知识缘由。 任何知识都是有缘由的，了解一个知识的来龙去脉和前世今生，会让你对这个知识有非常好的掌握，而不再只是靠记忆去学习。靠记忆学习是非常糟糕的方式。当然并不是所有的知识我们都需要了解缘由，对于一些操作性的知识，比如一些函数库，只要学会查文档就好了。能够知其然，知其所以然，才能把一个知识掌握牢固。

　　第三，掌握方法套路。学习不是为了找到答案，而是为了找到方法。就像数学一样，你学的是方法，是解题思路：会用方程式和不会用方程式的人，在解题效率上不可比较。你可以看到，掌握高级方法的人比别人的优势有多大，学习的目的就是为了掌握更为高级的方法和解题思路。

－ 陈皓 －

主动学习：提高你的学习效率

说到学习，其实有很多种方法，读书、听讲是学习，讨论、实践也是学习，但学习和学习之间还是有一定的差别。

美国缅因州的国家训练实验室曾经发布过一张学习金字塔图（如图 3-7），从图里我们可以看到，学习方法分为两大类，一类是被动学习，也是浅度学习，包括听讲、阅读、视

图 3-7

听、演示；另一类是主动学习，与人讨论，自己动手实践，教授给别人都属于主动学习。主动学习我们称之为深度学习，如果你不能深度学习，你就不能真正学到东西。

因此要想更高效地学习，你必定要经历一个从被动学习到主动学习的转换过程。对软件工程师来说，写博客、做分享都是很好的主动学习的方式，建议你试一试。尝试之后你会发现，当你要去教别人，当你要把自己写的东西公之于众的时候，你一定会查很多东西，你会很上心，你会学得很系统。此外，与人讨论与亲身实践也都是很好的学习方式。

－ 陈皓 －

第四部分

高手修养

如果你关注软件工程师的各大论坛就会发现，"做技术还是做管理""35 岁了还不管人，是不是就晚了""天天熬夜敲代码有没有前途"这类问题被讨论得非常多，这是因为软件工程师走过进阶阶段以后，需要往高手阶段发展，这个时候恰恰是最容易卡壳的节点。

一方面，每个人都面临着"做技术还是做管理"的选择：如果一直做技术，自己能够做到顶尖吗？遇到技术难题怎么解决？如果选择做管理，团队怎么带？任务怎么分？内部合作出问题了怎么办？当这些问题一股脑儿摆在你面前，难免会有迷茫和纠结。

另一方面，高手不是想做就能做的，很多人代码写得好，也会独立设计程序，但一到重大问题的决策上，一遇到技术难题就无所适从。这是因为，要想在高手阶段做得游刃有余，你需要融会贯通的能力，比如你要做一个技术决策，就得想到这个决策不仅要解决当下的问题，还要考虑几年后可能发生的情况，你需要对行业可能朝着什么方向发展有一个预判；再比如你要对现有的系统进行重新布局，就得想清楚自己做什么、不做什么，要解决什么问题、不解决什么问题——说到底，你需要在一个复杂的系统里做预判和取舍。做不好这些，难以成为高手。

我们可以看到，在进阶阶段通往高手阶段的节点上，无论是路线的选择，还是能力的精进都对软件工程师提出了极高的要求。

◎分岔路的选择

上升通道：技术路线和管理路线

到了高手阶段，很多软件工程师会纠结，究竟是走技术路线，还是管理路线？技术路线指的是在特定的技术领域做深入的探索和研究，不涉及管理工作；而管理路线更侧重统筹团队完成一个个研发项目，离技术研究工作比较远。

其实在我看来，这并不是一个值得纠结的问题，判断标准很简单，你喜欢做技术就一直做技术，你喜欢做管理就去做管理。我想，很多人之所以在这个问题上如此纠结，可能是因为有些公司没有提供专门的技术路线，这就涉及公司类型的话题。

总体来说，这个世界上存在两种不同组织结构的软件公司，分别是小商品工厂（Widget Factory）和电影工作组

（Film Crews）。小商品工厂有点类似于做外包的公司，这种公司是不需要技术路线的，项目经理拿钱更多，因为这种公司就是做项目的，它希望项目经理能够带得动大家。而电影工作组这种公司是做产品的，它们做产品就像拍电影一样，有导演、编剧、演员……所有人都可能成为 leader，都有自己的晋升通道，这种公司里有管理通道，也有技术通道。比如腾讯、阿里，就有专家线和管理线之分。

所以，如果你待在一个做产品的公司，它一定会给你技术、管理两条晋升通道，无论公司是大是小；如果你待在做项目的公司，也就是小商品工厂，它可能就不太需要专研技术的人才。有了这个认识之后，你根据自己的情况选择合适的公司就好。

— 陈皓 —

◎业务上的精进

　　一般软件工程师走到这个阶段，应该能做到架构师了。在这个领域里，毫无疑问你是个权威，有什么事情大家都来问你，你给出一个满意的答案。不管是在宏观规划上还是细节上，你都能够掌控，这就是所谓的融会贯通。这个阶段最重要的能力有两个：一是前瞻能力，二是取舍能力。

预见未来：软件工程师
##　　　　要有前瞻能力

02

　　很多软件工程师在这个阶段仍然认为，只要做到全面、细致，只要把代码写得足够好就没问题了。但其实，作为高阶工程师，这远远不够。

　　在这个阶段，软件工程师的核心是具有前瞻能力。前瞻是指，你得知道为什么系统今天是这个样子，以及未来它会朝着什么样的方向去演进。

我印象比较深刻的一个 App 叫 Snapchat，它是 2011 年发布的一个社交软件。在这个软件里，你可以用各种滤镜贴纸来换脸。这个 App 当时一推出，就火爆全球，非常受用户特别是年轻用户的喜爱。现在我们在很多视频网站看到的特效和滤镜功能，比如同一个人由男变成了女，或者由女变成了男，用的就是这样的技术。这种技术叫生成式对抗网络（GAN, Generative Adversarial Networks），是一种深度学习模型，是近年来复杂分布式无监督学习最具前景的方法之一。这个技术难度是非常高的，但是推出之后就引领了社交媒体的新潮流。这种能引领潮流的能力，考验的就是软件工程师的前瞻能力。

一般来说，前瞻能力不仅要求软件工程师看到系统的演进，还要看到未来的趋势，对未来有预判，根据预判对技术选型做一些决策。比如一个系统大概要解决未来两年的问题，那么在两年这个时间轴上，外界和底层技术会发生什么样的变化，你要采用什么样的技术去完成，这都需要心里有数。而我们看到很多产品，之前还好好的，突然就消失了，就是因为只关注了当下，对未来没有足够的前瞻。

— 郄小虎 —

关于如何拥有前瞻能力，陈皓老师给出了几点建议：

第一，你一定要有知识的广度，需要去读论文，读业内各大公司的资料；还要去各个公司做广泛的交流，保证有足够多的不同的信息进入你的视野。

第二，多做跨行业的交流，跳出自己的圈子，跟其他行业的人交流，特别是投资人、创业者等见多识广的人群。

权衡利弊：软件工程师
要有取舍能力

除了前瞻能力，高手阶段的软件工程还需要具备取舍能力。所谓取舍，就是确定自己要干什么，以及不干什么的能力。要想做好取舍，关键在于两点：明确目标、学会预测。

第一，明确目标。一个问题可能有很多种解决方案，但是每种解决方案都不可能完美。假设你面前有两个方案，评估三个维度后，你发现 A 方案在前两个维度上做得很好，在第三个维度上做得不好；B 方案在第一个维度上做得不好，在后两个维度上做得很好。这时候你就要分析，A 的缺陷和 B 的缺陷，哪个对最终目标可能产生的负面影响更大，然后选择影响更小的那个。

在这个决策过程中，明确目标是最重要的事。有时候我们想实现的目标特别多，比如既希望某个系统越简单越好，又希望它可扩展——但其实这两者有冲突，这时候你必须问问自己，最终目标究竟是简单，还是可扩展？这一点必须定义清晰。最终目标就像一把尺子，是衡量最优方案的唯一标准。

第二，学会预测。有时候即使你的目标很明确，依然做不好取舍，难点在于很多数据你并不能提前知晓。这时候就得预测一下，到底哪个方案带来的结果是更优的。

这里的预测和前面说的前瞻性不太一样，它不是指从大的时间轴上预测未来，而是说基于现有信息做出一个预测，然后完成取舍。最终取舍得好不好，就看你预测得准不准。

举个例子：如果车费涨价 1 元，总收入会增加还是减少？如果有个人觉得打车上班花 15 元比较合理，你涨了这 1元就超出了他的心理价位，他不能接受——这相当于你损失了一个用户。如果有个人觉得涨 1 元无所谓，他一点儿也不在意——这相当于你的系统增加了 1 元钱的收入。

至于要不要涨这 1 元钱，需要你具备类似于"人脑大数据"的功能（当然，我们今天可能有足够的数据支撑上述决策，但还有很多判断是做不到数据支撑的），基于你对用户和系统的理解作出预测。

上面这个例子是直接跟用户相关的，还有很多和用户没有直接关系的调整，比如把系统中的某部分结构或者参数修改一下，对整个系统到底有什么样的影响，都需要你做类似的预测。要想做好预测，建议你多总结行业内的历史，时间不用太长，关注过去 10 年、20 年发生的事就可以。只有你知道历史的轨迹，才更容易知道未来在哪里。

— 郄小虎 —

前瞻能力、取舍能力是软件工程师在高手阶段需要修炼的两大能力。两大能力之后，是高手重点要做的几件事——攻克难题、技术决策、代码评审。

攻克难题 1：主动寻找技术难题

在技术难题的问题上，很多人觉得遇到一个解决一个就行。但在我看来，技术难题有时候要自己去找，这对自己能力的提升有很大帮助。

我现在做的是偏研究型的工作，经常解决一些技术上的难题，比如分布式运行系统的设计，Zanzibar 系统中的一致性协议设计等。这些项目大多不是别人分配给我的，而是我自己主动找的。

找项目的时候我会考虑两点：第一，整个行业或公司发展的方向是什么，找对大方向；第二，圈定那些跟我目前的工作相关，而我又不太懂，需要继续学习的领域。如果这个领域中有很多厉害的人，他们都对这个方向感兴趣，像图像识别、语音识别或者机器翻译等，并且早期的一些研究结果让我感觉这是一个新领域，会解决很多过去解决不了的问题，那么这就是值得花时间去研究的领域。

之后我会约相关领域的牛人聊聊，了解他们在工作中还有哪些问题没被解决。只要这个领域存在没解决的问题，就一定有技术难题。很多难题开始的时候都是很复杂的，你要抓住复杂问题当中的核心问题，把一些次要问题放在一边，然后集中精力攻克核心问题。

技术难题之所以难，是因为情况复杂，没有通用的解决办法，唯一通用的是保持一个好心态：你要有战胜困难的信心，也要有接受失败的准备。如果你没有接受失败的准备，就不会去尝试与众不同的方案，没有与众不同的方案，很多技术难题是没法解决的。在攻克技术难题时，想方设法尝试不同的方案是最重要的。

－ 陈智峰 －

攻克难题 2：尝试不同的
解决方案

关于尝试用不同的方案解决技术难题，我在实际工作中也深有体会。其实，对于软件工程师来说，解决难题是很有趣的事情，尤其是当难题有多种解法的时候。

举个例子。我在谷歌工作的时候，所在的广告团队遇到了一个内存不够的难题。具体来说，由于系统的广告数据增长得飞快，机器的内存接近了当时的物理极限值。而一旦内存超过极限值，机器就会爆掉（OOM，Out Of Memory），广告服务直接崩溃。所以我们团队的当务之急，是想办法对程序中内存的使用进行优化，防止机器爆掉。

当时团队里有一位 J 同事在这方面非常有天赋，他用一个办法巧妙地解决了这个难题。具体怎么做的呢？

首先我们看看机器里存的是什么样的数据。由于我们是广告部门，机器里存的主要是广告数据。我们都知道，广告的最上面一般是标题，标题下面有几段描述，最下面还有一个超链接。在这几部分里，占内存最大的是超链接，也就是大家经常在网页上方看到的那一长串网址——URL。

J同事发现，这些URL有很明显的分层结构，比如它们都是以类似".amazon.com"的形式结尾的。他随后想到这个问题其实非常适合用一种比较高级的数据结构——后缀树来解决。后缀树是一个树形结构，用了它就相当于把所有URL全部倒过来，挂在一棵树上，它的关键在于把各个URL相同的部分（比如".amazon"".com"）提取出来，规定为一个节点，并且让这个节点在后缀树上只存在一次。这么一来，所有相同部分的URL就都长在了同一个节点上，这对节省存储空间的价值巨大。

举个具体的例子。亚马逊是谷歌的大客户，它会在谷歌投放很多广告，它每个广告的URL都以".amazon.com"结尾。用了后缀树之后，其中".com"只存在一次，这就意味着所有的URL，只要是以".com"结尾，就只占4个字节的空间。假设我们有100万个这样的URL，原本要占用400万个字节，现在只占4个字节。同样的道理，带".amazon"的URL原本要占用700万个字节，现在只占7个。

看到这里，相信你也感受到了J同事思路的巧妙。但其实这只是解决内存难题的其中一种方法。我们团队的K同事用另外一种完全不同的思路，同样实现了大幅度的内存节省。

他是怎么做的呢？

J 同事通过数据结构省内存，K 同事则是通过让 CPU 实现一些复杂的计算省内存，相当于用算式来换内存。一般来说，程序语言（比如 C++）的一个类里有很多成员，其中每个成员都可以用一些基本数据结构表示，但很多数据类型会一下占据 8 个字节（byte），如果你想继续压缩，就要把它压缩到位（bit）级别（1byte=8bit）。K 同事做的事就是把本来要用 byte 表示的数据全部压缩到 bit 级别。

这个办法背后的逻辑是，很多时候我们为了保证数据的方便性和易用性，会用很大的空间表示它，但其实它真正在用的空间可以以更少的位数来表示。最直观的例子就是身份证号，我们的身份证号都有 18 位，但其实 18 位能够表达的人数远远超过全国现在实际的人口数——哪怕有 20 亿人，用 11 位数也足够表示，所以说这里面有很多浪费。

要想减少这些浪费，就需要把数据类型从更多的位数变成更少的位数，这中间需要一个转换，这个转换就是相应的 CPU 计算。K 同事正是通过计算把我们常用的很多数据结构，真正压缩到 bit 级别，充分利用每一个 bit 的价值，大大降低了机器的内存压力。

虽然 J 同事和 K 同事使用了完全不同的思路，但他们的方案都能很好地解决当时的问题。两者结合起来更是所向披靡，相当于整个团队一起，完美解决了当时的问题。

－郝小虎－

关键决策：技术选型的六大要素

任何项目在实施之前都要做技术选型，就是你要选择一种技术作为项目的实现方式。我在过去 20 年做过很多次技术选型，一次次实践下来，脑海里逐渐形成了一套自己的思维方式。

一般来说，我选技术会考虑两大方面的因素，一个是宏观、主观的，一个是微观、客观的。

先来看宏观的两个要素。

1. 看这项技术解决的是不是大问题。 任何新技术出来都是为了解决之前的某个问题，你要先看这个技术要解决的是不是一个大问题。所谓的大问题就是格局更大的问题，比如 C++ 解决的是 C 语言的一些问题，而 Java 则是以颠覆者的角度解释了 C/C++ 的所有问题。但是面对 WebSphere 这样的企业级技术来说，Java 在语言层面上解决的问题明显就不够大了。如果一个技术解决的是一个大问题，那么就很值得投入时间。

2. 看这项技术解决问题的方式是否让人有想象空间。所谓想象空间就是说，这个技术是否会让你有一种可以干很多事情的感觉。比如智能手机这个技术的想象空间就很大，AI 技术的想象空间也很不错；再比如，Java 出现的时候，一门语言可以运行在所有的设备上，这种想象空间实在是令人神往。但是我们也要明白，想像空间越大的东西，炒作空间也很多。

是不是大问题，有没有想象空间，这两个点要靠主观判断，需要你花很长时间在这个行业里解决难题、踩坑、犯错才会有感觉，具体因人而异。

很多技术解决的是大问题，也很有想象空间，最终还是废掉了，为了避免这种情况，我们还要有微观层面上比较客观的评估因素。

1. 看有没有大公司撑腰。如果这项技术由谷歌、亚马逊等大公司主导，或者背后有大公司不断投钱，那么它就更有可能成功。如今大获成功的 Linux，一开始就是被 IBM 撑着做起来的。

2. 看有没有很好的技术社区。也就是说这项技术要有人捧，就像 Docker、Java 这样的技术，它们的技术社区都是相当夸张的。

3. 看有没有杀手级应用。 如果一项技术解决的是大问题，并且有想象空间，那它一定有杀手级应用。所谓杀手级应用，意味着这项技术有颠覆性，并且已经颠覆掉一些东西了。比如 Java 的杀手级应用 WebSphere、Spring、SOA 等。

4. 看有没有经历十年以上时间。 十年是一个成熟技术产品的成长周期。就跟人的生育一样，十个月就十个月，十个月生下孩子才健康，这个时间是跨越不了的。

这么多年来，我基本是按以上六个因素进行决策的。比如 2014 年，我在阿里建议使用一个新技术 Docker，最后不了了之。四年以后的 2018 年，阿里全面走上 Docker 这条技术路线。而正是因为我很早就了解到了 Docker、Kubernetes（简称 K8s），让我的技术观发生了非常大的变化，使我今天的技术影响力更进了一步。

还有 2016 年，我创业的时候，需要为团队做技术选型，当时我在两个选项 K8s 和 Mesos 之间徘徊，最终选了 K8s。那一年至少 60% ~ 70% 的创业公司选 Mesos，K8s 基本上没有人选，但我要求我们团队必须用。到今天，全世界都在用 K8s，Mesos 基本被淘汰掉了。

关于技术选型，我在上面总结的六个维度也许不够全面，一定会有特例，但经过我的实践检验，基本上是比较靠谱的。

－ 陈皓 －

代码评审：不是"做出来"，
而是"做漂亮"

07

所谓代码评审，也就是 Code Review，指的是你作为一个没参与代码编写的人，从头到尾把别人写的代码审一遍，看看有没有需要改进的问题。

如果搜索一下"Code Review"这个关键词，你会发现有很多文章都在说它的好处，比如可以让代码更好地组织起来，让代码更易读、有更高的维护性，达到知识共享的目的，等等。但国内很多公司却没有把代码评审这件事做好，甚至有人认为代码评审完全没用，事情真是这样吗？

很多人之所以觉得代码评审没用，主要有两个理由。第一，时间不够，工期压得太紧，连敲代码的时间都不够，哪有时间做评审？第二，需求总变，代码的生命周期太短了，写再好的代码也没意义，反正过两天就会废弃。

这两个观点我可以理解，但非常不认同。这就好像说锻炼身体太累了，又没时间，环境污染这么重，况且人早晚都要死，所以活那么健康没意义。

　　在我看来，软件工程师应该像医生一样，不是把病人医好就行，还要对病人的长期健康负责。对于常见病，要快速医好很简单——下猛药，大量使用抗生素，好得飞快。但大家都知道，这明显是饮鸩止渴。医生需要有责任心和医德，软件工程师也要有相应的责任心和修养。这种修养不是"做出来"就了事，而是要到"做漂亮"这个级别，代码评审就是帮你把代码写漂亮的必经之路。

　　我从 2002 年开始就浸泡在严格的代码评审里，做不做代码评审，直接关系到代码的工程水平。而所谓"时间不够""需求总变"，不是拒绝评审的理由：如果业务逼得紧，让技术人员疲于奔命，那应该是需求管理和项目管理的问题。需求总变，我们更应该做代码评审，因为需求变得越快，对代码质量的要求越高，就算是一次性代码，也应该评审一下它会不会影响那些长期在用的代码。

　　知道了代码评审如此重要，高手阶段的软件工程师更应该积极为后辈做代码评审，这不仅是在帮助他们核查代码质量，更是一个为团队赋能的过程。

－ 陈皓 －

在谷歌，所有的代码必须经过评审才能提交，很多人刚开始做代码评审，不知道要审哪些方面，面对代码无从下手，其实只要掌握了重点，你就能又快又好地展开评审。谷歌曾经开源过一份评审指南（*Google's Code Review Guidelines*），提到了代码评审应该关注的几个方面，其中包括：

1. 设计：代码是否经过精心设计并适合系统？

2. 功能：代码是否符合开发者意图？代码对用户是否友好？

3. 复杂性：代码是否可以更简洁？未来其他开发人员接手时，是否易于理解与易用？

4. 测试：代码是否经过正确且设计良好的自动化测试？

5. 命名：开发人员是否为变量、类、方法等选择了明确的名称？

6. 注释：注释是否清晰有效？

7. 风格：代码是否遵循了谷歌的代码风格？

8. 文档：开发人员是否同步更新了相关文档？

　　我自己做代码评审，会在这份指南的基础上特别关注三个地方。首先是代码的接口设计，软件工程师改代码或者新写软件的时候，要花很多时间琢磨接口，如果接口设计不太合适，或者有更好的建议，我会提出来。其次是算法复杂度是不是最低的，如果有更简洁的方案，我也会提出来。最后是测试，我会看代码使用的测试是否全面，如果我想到了目前没测试到的一些情况，就会提出建议。

　　通常情况下，体量比较少、改动比较少、上下紧凑的代码会更容易通过评审。那些 10 行 20 行、改动精准的代码，评审起来很快；而上下紧凑的代码则保证了评审人不需要跳来跳去，只需要打开一个文件，从上到下看完就可以，如果代码写得很清楚，很容易通过评审。

− 陈智峰 −

代码评审的时候，很多人会习惯性地找 Bug，国内不少公司也把找 Bug 作为代码评审的主要任务。这么做无可厚非，但在我看来，代码评审有比找 Bug 更重要的价值，那就是审查更高一级的代码质量，包括代码可读性、可维护性、可重用性，程序逻辑以及对需求和设计的实现等。

我们都知道，在一个完整的开发流程里，找 Bug 有专门的环节负责，比如单元测试、功能测试、性能测试、回归测试等，不需要等到代码评审环节才做。代码评审真正该做的是一些进阶动作。如果你要做代码评审，建议重点关注架构和设计。我自己做代码评审，就会先看设计实现思路，再看设计模式，接着看成形的骨干代码，最后看完成的代码。在这个过程中，代码的可读性、可维护性也是值得关注的方面。

最后给你一个建议，不要等程序做完了才做代码评审。我以前经历过几次相当痛苦的评审，都是在程序完成的时候进行的。当你面对近万行代码和 N 多掺和在一起的功能时，会发现代码评审变得异常艰难。就好像别人已经把整个房子盖好了，你这里挑点毛病、那里提点建议，有时候甚至直接触动地基或承重墙，需要动大手术，让别人返工，那时候麻烦就大了。所以，千万不要等大厦盖好了再去评审，而是当有了地基，有了框架，有了房顶，有了门窗，有了装修的时候，循序渐进地评审，这样反而更有效率。

－ 陈皓 －

◎带团队的心法

我们都知道，管理者的工作不外乎三件事：第一，在专业上给下属指导；第二，对任务进行拆解，组织团队完成目标；第三，日常的组织、管理工作。对于软件工程师的管理者来说，第一点尤其重要——管理者必须能够从专业上给予下属相应的指导。

实力服众：工程师宁愿被 lead，
不愿被 manage

10

在很多行业里，管理者没有相关行业的背景，但是管理经验足够丰富，在具体管理中也是可以胜任的，下属也会听他的。

但是在软件工程师的领域，只懂管理，不懂技术或者技术不够牛，基本上是不可行的。如果你只是管理做得比较好，但一条代码都不会写，那么连面试可能都通不过。**这个**

行业对管理者的独特要求在于，你的技术得足够牛，如果不能证明你有一定的技术水平和素养，下面的同学就会不服。

在我们业内流行一句话，叫"工程师宁愿被 lead，不愿被 manage"。"lead"这个词的意思是说，在刨除掉行政管理这些因素之后，大家还是愿意跟随你，听你的，你的专业能力让大家心服口服。这有点像武林，你得武功高强，才能领导大家。文弱书生想当领袖，基本不可能。

其实在国外一些公司，工程师的技术和管理是分开的。比如谷歌前些年，每个团队里有一个角色叫 Tech Lead，负责技术：解决项目上的复杂技术问题，帮助团队里的成员在技术上成长，并在日常写代码过程中指导其他人怎么做。另外有一个 manager 是不写代码的，只负责行政、组织等工作，比如团队建设等。

在谷歌，manager 可以没有，但 Tech Lead 是必须要有的。我在谷歌的时候，平时工作汇报的对象就是 Tech Lead。现在谷歌里面 Tech Lead 和 manager 两者基本合一了。一般来说，manager 都是由技术人员转过来的——技术很牛的工程师，去做了 manager。

－ 郄小虎 －

敢于放手：从工程师变成管理者

从业务骨干变成管理者之后，很多人容易犯的一个错误是不放手。

我当年刚成为管理者时也是这样。很多时候看到项目就很舍不得，看见一个程序就手痒，很想自己上手去做。放给下属去做，觉得他们做的不仅比我慢，也没我做得好，为什么不自己做呢？技术的管理者很容易有这样的个人英雄主义。这样做的结果就是，团队带不起来，你还是单兵作战。

那怎么办呢？比较好的办法是，如果你实在忍不住，可以去做一些边缘性的东西，比如做数据看板，而不在关键路径上做项目，把核心的功能留给大家去做。

刚成为管理者时，你要按捺住，要克服和适应，要做好思想的转变——**之前你想的都是怎么让自己变得更好，现在你要做的是怎么样让其他人更好，怎么样让团队变得更好。**你要给团队指导方向，告诉大家哪些该做，哪些不该做，哪些要坚持，并让下面的同学能够理解这样做的原因，用软件工程师能够理解的方式说服他们。

－郄小虎－

善于说服：相对于下指令，
还是要讲道理

很多管理者带团队时，只是简单地把任务分配给下属，直接告诉下属做什么。但是这样的指令在软件工程师领域特别不好使。为什么会这样呢？

软件工程师最反感的事情是你让他做一件事情，却不能说明为什么。软件工程师都自恃为专业人士，分配任务时你得告诉他背后的原因和道理，某种程度上，你得说服他。在这个行业，不存在单纯的上级管理下级，也就是你直接告诉下属，我们要做这件事，怎么做，什么时候得把它完成。

作为这一行的管理者，你不仅仅要告诉下属具体做什么，还要说明几个层面的问题：第一，为什么要做这件事，不做另一件事；第二，做这件事有什么好的方法。对于那些入门级的软件工程师，你可能要手把手指导，并且告诉他，这件事情可能有五种做法，为什么我的这个做法比较好。在这个过程中，你需要通过讲道理，让别人心服口服。而那些高阶的人有自己的主意，比如 A 做项目时，想去借用一下其他相关产品的内容做个补充，他会想着把相关的内容全部借用过来。这虽然表面上能解决问题，但可能不是最好的做法，因为用户在使用产品时，在中心模块看到其他产品的内容，体验会很不好。而你要能说清楚或证明为什么他想做的这件事不太好，不应该做，然后给出更好的方向和方法。

— 郐小虎 —

招聘面试：考察一个人的元能力

在一般行业中，管理者的 title（头衔）总体上是和他的水平相匹配的。但在技术领域，并不完全如此。从技术的角度，不能只看这位技术管理者所在的公司是不是牛，规模大不大，还要关注他所在公司的业务模式对技术要求的复杂度和挑战性到底有多高。比如一些传统企业的技术高管，主要职责是信息化和技术支持，他们具备的能力就和互联网公司的技术管理者差别很大。

从我个人而言，我招聘的时候不太会看简历上的经验，而是更侧重去评判候选者的一些元能力，看他工作过程中沉淀出了哪些基本素质，哪些可以持续拥有的能力。比如系统设计、代码的结构化，通过分析找到关键问题，这都是元能力的体现。我会在面试过程中问一个我最近遇到的问题，可能是一个特别基础的问题，像酒店的房卡是怎样设计的，地图的定位系统是怎样设计的等，看他怎样回答这个问题。有的人可能直接就开始给你讲设计方案，但有的人会先去定义真正的问题，让问题更加清晰，甚至先考虑限制条件，先分析，再拆解，后设计。这个过程就可以体现候选者的元能力。

之所以考察元能力，是因为这些能力是软件工程师最底层，也是最核心的能力。元能力强的人，在设计开发的工作中自然不会差。

– 郄小虎 –

员工激励：让工程师更有
成就感

一般公司里，对于员工激励的主要方式有两种：一种是薪酬激励，干得好可以加薪；二是职级激励，干得好可以升职。但在软件工程师领域，还有一种很重要的激励方式——增加成就感。这和前文讲的软件工程师由成就感驱动，是一以贯之的。

怎么才能有成就感呢？对软件工程师来说，成就感不单单来源于独立完成一个项目，而是能够做特别牛的事情，做开创性的项目，或者在行业内取得含金量极高的奖项。

什么是牛的事情呢？比如做开源。假如你做了一个全球工程师都在用的工具，比如你跟别人说，K8s 是我做的，那大家一定很膜拜你，这会让你产生极大的满足感。

含金量很高的奖项，比如 GCJ（Google Code Jam）、Facebook Hacker Cup、KDD Cup[1] 等大型比赛的大奖，在

1　Google Code Jam 是一项由 Google 主办的国际程序设计竞赛；Facebook Hacker Cup 是由 Facebook 主办和管理的年度国际编程竞赛；KDD Cup 比赛由 ACM 协会的 SIGKDD 分会举办，目前是数据挖掘领域最有影响力的赛事。

软件工程师群体里认可度都比较高。在 JCST（*Journal of Computer Science and Technology*，《计算机科学技术学报》）这样的顶级期刊上发表论文，也是软件工程师相对看重的。

软件工程师对专业有执念和理想——我做的这件事情很牛，我挑战了世界级的难题，我拿了重大的奖项，都会产生巨大的动力。

当然你可能会觉得，这要求太高了，开创性的项目和含金量高的奖项不是每个软件工程师都有机会参与和获得的。事实上我想强调的是，作为管理者，你要有这个意识，成就感也是因时因地的，你可以结合自己所在公司和领域的情况，来给团队成员创造可以获得成就感的机会。

– 郐小虎 –

团队建设：做好人才布局

15

我们在前面强调，技术管理者必须懂技术，因此多数技术管理者都是技术出身。

但这导致的一个问题是，不少管理者只懂技术，不懂管理，忽略了团队的人员建设。事实上，管理者不仅要从专业上给下属指导，还要在工作中有倾向性地培养下属，关注他们的发展，并做好人才布局。

比如，A 有很强的解决问题的能力，能够了解在不同场景下如何进行技术选型，比较擅长处理特别明确的问题，能够解决一个确定性高但是难度很大的挑战，就更适合向专家架构师发展。B 带项目带得很好，善于与人沟通、协作，能够制订代码规范、开发流程，有发现问题的能力，擅长去处理模糊不确定的问题，就更适合成为技术管理者。

管理者需要对每个下属的诉求以及长处、短处有判断：每个人适合做什么，不适合做什么，他们是有不同的发展路径的。判断之后给每个人选择一个赛道，你心里要清楚，每个人未来的职业通道是成为一个专家架构师，还是成为技术管理者，把每个人放在合适的位置上。

－郄小虎－

布局长远：关注长期目标

很多技术管理者只注重短期目标，不停地满足业务提出的需求，抽不出时间和精力考虑长期目标，这其实非常危险，如果你只陷于当下，未来总有一天跟不上发展的步伐。

为什么这么说呢？我们打个比方。新能源汽车出现之前，大家用的都是汽油车，想的都是怎么让汽油的利用效率更高。优化发动机也好，优化排气系统也好，都是为了让每公升的汽油跑出更多公里数，今天把它提升百分之几，明天提升百分之几。这种不停的优化固然重要，但管理者要看到其他有效能源的可能性，比如电能源，无论是从清洁度还是效率上，都更有优势。而研究电动车这件事，管理者要明白，是不可能通过优化汽油效率的短期任务的叠加完成的，必须是长期的投入。

在软件工程师领域，道理也一样。管理者在推进当前业务需求的同时，也要布局未来更有效的解决方式，平衡好短期目标与长期目标。

具体怎么做呢？**首先，管理者需要判断，哪些事情需要**

长期投入，做了之后能产生规模效应。

比如，谷歌花了相当大的精力投入到代码发布的流水线上，它之所以做这件事，就是希望从每个软件工程师写代码到代码最终上线，整个流程的时间变得最短，质量最高。你可能觉得，没有这个我也可以写代码，但是有了以后效率完全不一样，是农业社会到工业社会的转变。软件工程就是这样，要在研发体系和工具上有长期的投入，可能短期内你觉得不划算，但做完之后会带来革命性的提升。

其次，管理者要坚定地投入到长期目标上。之所以强调坚定，是因为眼前的事太多，一不小心，长期的项目就半途而废了。这个坑太大了。我们看到很多技术团队忙于应付眼前的事情，今天 10 个人实现了 10 个需求，明天来了 100 个需求，完成不了，就开始加人，不停地堆人，最后系统变成了一个个代码的堆叠，直到没办法正常运转，或者运转的效率非常低。

因此，技术管理者要在完成短期目标的同时，时时记住长期目标的推进。

– 郄小虎 –

软件工程师的工作界面里，很重要的一个场景就是和业务对接需求。对于提需求的业务人员来说，所有的需求都既紧急又重要，需要技术人员立刻、马上去实现。但你作为技术管理者，如果照单接收，就会使团队长期处于应付的状态。你必须去判断，哪些事情是紧急的，哪些事情是重要的。

从技术角度看，有些事情确实很重要，需要稍微长期一点的投入。今天你不做，过一年会发现已经远远被别人抛在后面了，那时候再做就晚了。

哪些是重要的事情呢？比如建设研发项目的工具，建立全公司统一的数据体系。我们前面提到的谷歌代码发布的流水线，也是类似的。这些项目对提高研发流程的效率，让研发达到更高水平，有很大的作用。技术管理者要能识别出这些事情是很重要的，它们虽然没那么紧急，但是要持续地往前推进。

而对于业务提出的紧急需求，你要尽可能考虑有没有除技术手段之外的其他解决方案，比如是不是可以人工解决。

如果对方只是想看一些数据的差异，就可以考虑是不是通过 Excel 报表去完成，不需要技术团队花费精力去研发。把技术用在刀刃上，让技术发挥最大价值。

管理者要在这些重要的事情与紧急的事情之间做出平衡。这件事情做得好不好，很能体现一个技术管理者的段位和格局。

– 郗小虎 –

协同机制：保持公开透明
的信息协同

要想达成有效协作，技术团队可能不需要像业务部门一样，大家坐在一起开很多会。只要在制度的公开透明上下功夫，就会达到事半功倍的效果。

在公开透明上做得比较好的公司有很多，谷歌就是其中的典型。谷歌大到公司的战略，小到每个人每周做了什么、写了什么代码，大家都是互相看得到的。只要感兴趣，你可以去看任何人的信息：目标是什么，完成了什么，写了哪些代码、哪些设计文档，这些是完全透明的。

那个时候我们每周都写一个小结，公司里所有人都能看，并且信息会自动汇总，你还可以订阅不同人的总结。

设计文档也是公开的，你想找什么东西，搜一搜就能看到。并且大家可以互相评论，有时候我把设计文档放在那儿，突然就会收到很多建议。整个体系都非常自动化。

目前国内我觉得多数公司没能做到这种程度，大家对信息保密还是比较看重的。当然，这还是看公司更多是鼓励大家互相协作还是竞争。有些公司搞"赛马",大家把信息保密得特别好,甚至有时候还要故意去迷惑对方。其实这种现象有其产生的客观环境。比如说一度流行的工作室团队模式,从设计、产品到开发再到测试,一个小团队可以独立完成一个程序设计的全流程。通过这样的方式公司可以很快发展起来,但这样做存在的问题是每个小团队可能都会做重复性的工作,而原本技术体系里有很多东西是可以复用的,各个团队没必要自己从零开始做。

更重要的是,在今天,一个大的互联网产品,小的工作室模式根本接不住。技术体系的要求也比之前高了很多,需要团队进行大规模的协同,形成高质量的流水线,去把最终的功能实现。

所以,鼓励公开透明的协作,让大家把自己做的东西工具化、开源化,让所有人都能看到和使用就很重要。

– 郄小虎 –

团队合作：一加一大于二

好的管理者，要善于发起团队合作，善于协同相关的周边业务组一起做事，不光自己闷头干活。好的团队协作，团队之间是能形成化学反应的。化学反应的意思是说，我自己这边提升了 0.5，你那边也提升了 0.5，这样彼此都是 1.5，变成一加一大于二。

举个例子，一个团队是做拼车的，另外一个团队是做地图的，看起来是两个非常不一样的团队，但其实拼车的体验好不好，跟地图有非常大关系。地图规划的路径如果顺，拼车的乘客就会很开心，从系统的角度看也更优、更高效。如果拼得不顺，大家就都闹心。拼车要想让乘客有更好的体验，很大程度上要依赖地图团队。

如果纯粹从数据上看，有的路是很顺的，但是乘客实际使用的时候会发现并不是这样。比如，早上上班怕迟到，拼了一单，结果这一单要调头，开进一个小区里接另一个人，这时候乘客就很抓狂。只有当地图团队真正理解拼车的顺是怎么回事，才能解决拼车体验更优的问题。为什么这么说？

因为在拼车这件事上，拼车和地图两个团队理解的顺是不同的。在地图团队看来，整体的时长增量或者距离增量只要不超过 15%，就是顺。比如车上已经有一个乘客 A，如果要去接下一个乘客 B，乘客 A 本来 10 分钟可以到，变成了 11 分钟，或者本来 10 公里的路程变成了 11 公里，没有超过 15%，就是顺的。但是拼车团队更关注实际情况，本来乘客 A 直行就可以到达目的地，但是接乘客 B 就需要调头，可能调头用了 1 分钟，增量也不会超过 15%，从数据上看也是合理的，但对乘客 A 来说体验就很不好。

所以拼车团队要让地图团队知道，用户的体验问题，地图同时也要理解拼车的问题在哪里。两个团队经常沟通，顺的问题就会得到有效解决。

再举个例子。打车时经常发生的一个问题就是订单被取消——有时候司机取消，有时候乘客取消。乘客提交的原因是"很慢"。一查，发现是上车的地点不合理。比如乘客要在一个地方上车，那个地方画着禁停，司机不能停，乘客不知道能在哪儿上车，就会彼此找不到；或者有时候乘客下单的上车点在高架桥的对面，司机过不去。这样的问题有很多，这时候就需要相关的团队一起去看，问题到底出在哪里。

地图团队要解决哪里可以停靠的问题——如果有禁停的

标志，就不要让乘客在这里上车。拼车团队要用地图团队的信息来决策乘客到底在哪里上下车是最好的。只有两个团队互相看到两个系统之间是如何相互影响的，理解一方做的事情对另一方系统会产生怎样的影响，才能更好地解决问题。如果各做各的，最后大家互相甩锅——"你的派单不合理……""你的地图地位不准……"，就会一加一小于二。

－郄小虎－

合作共赢：找到利益共同点

20

很多技术人员在协作上也容易出现这样的问题：大家各干各的，互不支持。

比如中后台团队要对系统进行升级，要求前台团队把原系统的内容迁到新系统上。中后台团队这个阶段的目标是，把老系统下线，让新系统上线。但是前台团队说马上到双十一了，我们要冲一个亿，现在不能迁，没有办法配合。这样双方就会僵持不下，加上技术的同学大多也不擅长交流，各干各的局面就不可避免。

怎么才能改变这样的情况呢？需要团队管理者主动寻找双方的利益共同点。如果你是中后台团队的管理者，你要去理解对方的 KPI，比如你可以跟前台团队描述现在系统中出现了哪些问题，任务多的时候系统就会很慢，生成数据的时候会报错，这样在关键节点很容易出问题。虽然迁移需要花一些时间，但是新的系统把这些问题都解决了，迁移后前台团队的效率会有极大的提高。

如果你讲清楚这件事情的利害，现在的投入是为了更好地解决未来可能出现的更严重的问题，找到双方利益的共同点，就可以更好地进行协作。

在团队协作中，管理者要对其他团队的诉求有深入的了解，找到利益共同点，有目的地推进，合作就会顺畅很多。

－ 郊小虎 －

第五部分

行业大神

软件工程师这一行，大神级的人物层出不穷，他们每个人对世界都做出了巨大的贡献。

本书限于篇幅，只选取了六位代表性的人物。他们是发明了 C 语言的丹尼斯·里奇（Dennis Ritchie），发明了 Linux 系统、发起开源运动的林纳斯·托瓦兹，发明了 Python 的吉多·范罗苏姆（Guido van Rossum），两次拯救人类登月计划的玛格丽特·汉密尔顿（Margaret Hamilton），开创分布式系统的杰夫·迪恩，在各个领域创造传奇的天才法布里斯·贝拉（Fabrice Bellard）。

这些大神级的软件工程师要么沉淀出了自己的一套方法论，供后辈学习；要么打破常规，开创出一个个全新的领域，是行业内灯塔一般的人物。我们常说"灯越多，你前方的路就越亮"，从这一点上说，软件工程师这一行的"圣殿"里亮满了明灯，这些人以超凡的实力改变了我们的世界，是每个软件工程师学习的榜样。

丹尼斯·里奇：保持简洁 [1]

　　说起丹尼斯·里奇，一般人可能没那么熟悉，但这个名字值得每位软件工程师记住。里奇是"C 语言之父"，也是 UNIX 系统的联合发明人。可以说，他创造了几乎所有计算机软件的 DNA，是为乔布斯等 IT 巨匠提供肩膀的人。如果没有他，我们现在正在用的网络产品都不存在。

　　1969 年，里奇和肯·汤普森一起开发了 UNIX 系统，之后 UNIX 迅速在软件工程师之间流传。到了 20 世纪 80 年代，UNIX 成为主流操作系统，变成整个软件工业的基础。到现在，世界上最主要的操作系统——Windows、macOS 和 Linux——都和 UNIX 有关。

　　里奇的贡献不止这些，他还是广为人知的"C 语言之父"。一开始，UNIX 不是用通用的机器语言编写的，如果换一个型号的计算机，就必须重新编写一遍。为了提高通用性和开发效率，里奇发明了一种新的计算机语言——C 语言。

1　参考资料：https://www.ituring.com.cn/book/tupubarticle/22358，2020 年 6 月 21 日访问。

从那以后，以 C 语言为根基的各种计算机语言相继诞生，比如 C++、Java、C#……并且这些语言也在各自的领域大获成功。

有人说，C 语言的诞生是现代程序语言革命的起点，是程序设计语言发展史上的一个里程碑，这话一点儿也没错。

我们都知道，计算机领域的技术发明又快又多，速生速死是常态，为什么 UNIX 和 C 语言能够至今不衰，还衍生出了那么多关键技术和产品呢？很多人以为，这是因为 UNIX 和 C 语言的设计更复杂、壁垒更强大。但其实这里面真正的原因不在于复杂，而在于简洁。为什么这么说？

因为在 UNIX 诞生之前，里奇就给它定好了一个设计原则——"保持简单和直接"，也就是著名的 KISS 原则。为了做到这一点，UNIX 由许多小程序组成，每个小程序只能完成一个功能，任何复杂的操作都必须分解成一些基本步骤，由这些小程序逐一完成，再组合起来得到最终结果。这些小程序可以像积木一样自由组合，所以非常灵活。这种简洁性和灵活性，也为 Linux 等系统的诞生打好了基础。

和 UNIX 一样，C 语言也贯彻了 KISS 原则，语法非常简洁，对使用者的限制很少。这种语言总共有 9 种控制语句、

32 个关键字、34 种运算符,既有低级语言的实用性,又有高级语言的基本结构和语句。很多软件工程师被 C 语言的简洁性吸引,学习并使用它。到今天,虽然程序设计语言变得越来越多,但 C 语言始终占据重要地位,这就是保持简洁的生命力。

发明 UNIX 和 C 语言让里奇获得了 1983 年的图灵奖、1990 年的汉明奖、1999 年的美国国家技术奖章。尽管功成名就,但他在个人生活上依然保持简洁,一直低调地生活,不太在媒体上曝光。2011 年 10 月,里奇悄然离世,同一年,乔布斯也离开人世。

麻省理工学院计算机系的马丁教授评价说:"如果说乔布斯是可视化产品中的国王,那么里奇就是不可见王国中的君主。乔布斯的天才之处在于,他能创造出让人们深深喜爱的产品,然而,却是里奇先生为这些产品提供了最核心的基础设施,人们看不到这些基础设施,却每天都在使用着。"

林纳斯·托瓦兹：只是为了好玩 [1]

02

林纳斯·托瓦兹是"Linux 之父"，也是开源运动的发起人，不仅如此，他还发明了 Git 版本控制器——每个软件工程师都知道的 GitHub，就是基于 Git 构建的。

很多人以为，像这样不断创新的"神人"，要么胸怀改变世界的梦想，要么是想让更多的人知道自己，但其实都不是。林纳斯从小到大决定去做什么，既不是为了什么伟大使命，也不是为了名誉和金钱，而是基于他的人生哲学：为了好玩，快乐至上。他有本自传，书名就叫《只是为了好玩》。

可以说，林纳斯能写出 Linux，仅仅是因为喜欢编程。十几岁的时候，林纳斯就对编程着了迷，开始自己编程。19 岁时，他去赫尔辛基大学主修计算机课。这门课的学生加上他只有两个人，但林纳斯觉得没什么，只要好玩就行。22 岁的时候，他为了黑进学校的网络，自己做了一台性能彪悍的电脑，又买了一套 Minix 版本的 UNIX 操作系统。买回来之后他

---

1   本文参考了《只是为了好玩：Linux 之父林纳斯自传》一书（[芬兰]林纳斯·托瓦兹，[美]大卫·戴蒙著，人民邮电出版社 2014 年版）。

发现 Minix 根本不好用，于是决定自己写一个替代系统。

那段时间，林纳斯每天都是"编程—睡觉—编程—吃饭—洗澡—睡觉—编程"，但他并没有感到枯燥，在他看来，"编程是世界上最有意思的事情……你想要什么规则都可以自己设定……你可以在电脑上创造出属于自己的新世界"。最后，林纳斯真的把这个替代系统写了出来，那就是如今闻名世界的 Linux。

后来，有人想给林纳斯 1000 万美元收购 Linux，但他拒绝了，他选择让 Linux 一直保持开源的状态。林纳斯觉得比起有钱，让全世界的软件工程师一起成就 Linux 更有意思。要知道，当时的软件巨头——微软、甲骨文、IBM 等公司的政策都是保护软件的知识产权，即使在公司内部，也只有少数核心员工有权限访问软件程序的完整源代码。但林纳斯决定做相反的事情，他开源了 Linux，让任何人都可以查看和修改源代码，发起了全世界软件领域的"开源运动"。

在林纳斯的世界里，只有好玩和不好玩的事，没有值得和不值得的事。他不是不知道金钱和名誉的力量，但更在乎自己觉得好玩的东西。这种以好玩为出发点的人生态度，让他在作出各种选择时有据可依，让他在开创新世界的路上所向披靡。就像林纳斯说的那样，"归根结底，咱们只是为了好玩。那不妨坐着好好放松，享受旅途吧。"

吉多·范罗苏姆：
允许不完美、保持开放 [1]

03

从 2017 年开始，Python 这门语言的热度就居高不下，2018 年还撼动了三大巨头之一 C++ 的位置，挤进了 TIOBE 编程语言排行榜（世界编程语言排行榜）的前三名。而站在这个热门语言之后的人，就是"Python 之父"吉多·范罗苏姆。

在编程的世界里，每个语言的作者都是一个技术传奇，范罗苏姆也不例外。很多人觉得，像这种大神级的人物，普通人只能遥远地看看，因为他们身上的天赋是普通人学不来的。其实并不完全是这样，在范罗苏姆身上，我们能够学到很多东西，比如他的编程设计思想。

范罗苏姆创造的 Python 之所以大获成功，最关键的原因就是，他对什么是好的、什么是不好的编程语言设计有一套成熟的想法。所以他在设计 Python 的时候，尽力避免了那些

1　本文参考了《Python 之父和他的编程理念》一文（池建强，https://time. geekbang.org/column/article/94312，2020 年 9 月 23 日访问）。

可能导致失败的设计，比如过于追求完美、不够开放（拒绝用户参与到语言的设计中），等等。由此衍生出来的设计原则就有三条：

（1）不必太担心性能，必要时再来优化；

（2）别追求完美，"足够好"就是完美；

（3）有时可以抄近道，尤其是在你之后能改正的情况下。

另外，在最开始的时候，Python 只是个人的实验性项目，没有官方背景，范罗苏姆为了尽快取得成功，也为了尽量争取管理层的支持，在设计的时候采取了很多节约时间的原则，比如最经典的"借鉴任何有道理的想法"。如果你用 Python 写过程序的话，相信你会对这个原则感同身受。

当然，并不是所有事情都能节约时间，在开发过程中，哪些地方能省时省力，哪些必须花费大量时间和精力，范罗苏姆分得清清楚楚，比如这三个设计原则：

（1）Python 不能被某个平台绑定，有些功能在一些平台上没法用可以接受，但核心功能必须跨平台；

（2）支持并鼓励用户写出跨平台的代码，但也不拒绝某个平台的特有能力或资源——这一点与 Java 形成鲜明对比；

（3）一个大型复杂系统，应该在不同层级都支持扩展，使不论是老手还是新手都尽可能地发挥自主性。

范罗苏姆并不在一开始就追求完美，但足以满足大家的需求，同时一直遵循开放、开源的原则，吸引了大量优秀的软件工程师。这些软件工程师协同改进 Python，有很多核心部分的重大改变或重构都是由他们提出并落实的。对此范罗苏姆也说过，Python 是在互联网上发展的语言，完全开源，由一群志愿者组成的专业的社区开发，他们充满热情，也拥有绝对的原创权。

就这样，Python 稳步发展，并在人工智能兴起的今天，成为新一代的热门语言。

玛格丽特·汉密尔顿：拯救人类登月计划 [1]

04

提起软件工程师，很多人都觉得这是理工男的天下。这个行业里的大神，有"微软之父"比尔·盖茨、"C语言之父"丹尼斯·里奇、"Linux之父"林纳斯·托瓦兹等——各种"之父"，似乎一个女性都没有。

但是在2017年，美国媒体"IT World"评选出"世界上健在的最伟大的程序员"，第一名居然是一位女士——玛格丽特·汉密尔顿；2016年11月，美国前总统奥巴马为杰出人士颁发自由奖章，玛格丽特也在其中。

玛格丽特是谁？她为什么能获得这些殊荣？

1965年，玛格丽特担任阿波罗登月计划的软件编程部部长，负责制订一套应急预案，一旦飞船出问题，就启动这套

---

1 本文参考了酷玩实验室的《当今最伟大的程序员竟是美女极客，一串代码让人类登陆月球，与比尔·盖茨、乔丹同台领奖》（https://mp.weixin.qq.com/s/2gcaDw9goU7I3YaKsNe1iQ，2020年7月22日访问）和罗辑思维的《边缘突破》（https://www.biji.com/article/rykaNlMY5gn3JqxGMV7EAROW0DLjev?source=search，2020年7月22日访问）。

预案。有一天她发现，假如有人在飞行过程中不小心按下某个按钮触发"P01模式"，就会导致飞行系统直接崩溃。因此她提议在系统里多加一段代码，防止宇航员误操作。但由于NASA对宇航员过度自信，以及很多硬件条件的限制，提议被否决。无奈之下，玛格丽特只能在操作系统里备注：不要在飞行中选择P01模式。

但事故还是发生了。1968年12月21日，"阿波罗8号"发射升空；飞行第5天，宇航员误触P01模式，所有导航数据瞬间被清空。在失去导航的情况下，飞船根本没办法回到地球轨道，眼看着就要成为宇航员的太空坟墓，这时候，玛格丽特带着程序员们连夜奋战9小时，设计出了一份新的导航数据并上传到"阿波罗8号"，让它回到正轨，顺利返航。

后来"阿波罗11号"也出现了危机状况，玛格丽特再一次化险为夷——两次绝境之下的拯救，显示了她的超凡实力。

很多人特别好奇，玛格丽特凭什么练就了这一身的本领？答案是：制订规范，严格测试。在玛格丽特那个时代，程序员工作的系统化程度很低，如果出现了错误，大家就潦草地往"出错理由"里填一个"有Bug"就完了。但玛格丽特认为这远远不够，她认为程序员需要理解错误，梳理错误的原因，并防止下一次出错。这种在我们现在看来完全是常识的东西，在计算机的"蛮荒年代"，需要一颗清醒的头脑来制订规范。不仅如此，每次确定程序后，玛格丽特还会带团队一遍遍地严格测试，用模拟器（尽管非常初级、简陋）模拟登陆状况，无数次测试下来，许多问题她早就考虑到了。

最后值得一提的是，在玛格丽特之前，并没有"软件工程"这个概念，是玛格丽特率先用"软件工程师"来称呼团队里的程序员。她说："希望给予做软件的人们以尊重，让大家与做硬件的人一样，在这个宏大的工程里各司其职。"在玛格丽特的推动下，"软件工程"成了一门更规范、更系统的科学，我们现在的程序员们，也才有了"软件工程师"这个称号。

软件工程师并不是男性的专利，许多女性也在这个领域发光发热，比如——

1. 计算机程序的创始人是一位女性，她叫阿达·洛芙莱斯（Ada Lovelace），她的父亲就是著名的英国诗人拜伦。我们今天说的计算机 Ada 语言，就是用她的名字命名的。

2. 世界上第一个发现计算机"Bug"的人也是女性，叫格丽丝·霍普（Grace Hopper），她是世界上第一批计算机"马克1号"的程序员。当时的"Bug"不是什么软件漏洞，而是一只小飞虫粘在了机器里，被她发现了。所以从那之后，给计算机杀毒的工作，就被叫作"除虫"。

3. 最早的计算机"埃尼阿克"（ENIAC），最初的六位程序员也全是女性。计算原子弹爆炸威力的程序就是她们编写出来的。

......

我自己接触过的人里，能算得上是行业大神的，非杰夫·迪恩莫属。在谷歌的软件工程师里，如果他排第二，没人敢称第一。今天，每一个新入行的软件工程师几乎都听过他的名字，主要源于他当年建立的一张表，叫"每个工程师都应该背下来的一些数"。

我还在谷歌的时候，有一次跟迪恩等人一起开会讨论一个新做的系统设计，当有一个请求进来时应该怎样处理。迪恩直接说了一句话，令我们所有人大吃一惊——"这么处理的话，响应时间大概是 50 毫秒"。没有做任何实际的测算，他就能说出准确的时间，而且单位精确到毫秒。后来，我和几个同事花了一星期的时间把这个程序写了出来，上线、测试，最后发现，需要的时间真的和迪恩说的分毫不差，就是 50 毫秒。

经过这件事情之后，迪恩突然意识到，很多在他头脑里是"常识"的事情，原来绝大部分软件工程师都不知道。于是，他制作了下面这张"数表"。

每个计算机工程师都该知道的数字列表（单位：纳秒）[1]

· L1 cache reference（读取 CPU 的一级缓存）：0.5 ns

· Branch mispredict（分支预测）：5 ns

· L2 cache reference（读取 CPU 的二级缓存）：7 ns

· Mutex lock/unlock（互斥锁 / 解锁）：100 ns

· Main memory reference（读取内存数据）：100 ns

· Compress 1K bytes with Zippy（1K 字节压缩）：10,000 ns

· Send 2K bytes over 1Gbps network（在 1Gbps 网络发送 2K 字节）：20,000 ns

· Read 1MB sequentially from memory（从内存顺序读取 1 MB）：250,000 ns

· Round trip within same datacenter（同一数据中心内的往返）：500,000 ns

· Disk seek（磁盘搜索）：10,000,000 ns

· Read 1MB sequentially from network（从网络顺序读取 1MB）：10,000,000 ns

· Read 1MB sequentially from disk（从磁盘读取 1MB）：30,000,000 ns

· Send packet CA->Netherlands->CA（一个包的一次远程访问）：150,000,000 ns

从那以后，软件工程师在做系统设计之时，就能参照这

1　资料来源：http://highscalability.com/numbers-everyone-should-know，2020年9月21日访问。

张数据表来评估不同设计方案性能的优劣。

对迪恩来说，这张表只是他做的一件小事而已。迪恩之所以牛，是因为他和他的搭档桑杰·格玛瓦特一起打造了支撑大数据、机器学习的分布式系统的基石。

迪恩进入谷歌以后，解决的第一个问题就是怎样有效解决大量数据的存储问题。简单来说就是，在迪恩和他的搭档桑杰之前，软件工程师要想完成一些重要任务、解决核心问题必须买特别高配的机器，因为计算机的性能越强，计算能力才会越强，而性能强的计算机价格一定更贵。

但迪恩打破了这个常规做法，在他看来，把很多很多台非常便宜的机器拼在一起，也能达到强大的运算能力。这个做法，可不只是替谷歌节省开销，而是开辟了一个全新的方向。

今天我们看到的整个云服务运用的分布式存储、分布式计算，以及一些硬件、网络技术，都是基于迪恩的这个方向产生、蓬勃发展的，比如 GFS、MapReduce、BigTable、Spanner、TensorFlow 等。

通过迪恩的经历我们可以看到，顶尖高手就是这样，具备开创新领域的能力，他们会推翻一些第一性原理（first

principle），把整个行业的认知提升到不一样的水平，从而推动整个行业发展。

– 郄小虎 –

法布里斯·贝拉：
一个人就是一支队伍 [1]

这个世界从来不缺天才，只缺乏利用天分坚持理想和不断创新的人，这些人用恒心和努力缔造出一个又一个传奇。

法国人法布里斯·贝拉就是这样一个传奇的软件工程师。

贝拉是一位计算机奇才，是过去 20 年最闪亮和最有影响力的软件工程师之一。他自 1989 年（17 岁）开始，平均每两年都会开发出一个开源软件，一直到 2019 年还在继续，在诸多领域里取得了令人惊奇的成就。

贝拉在计算机科学上的贡献跨越了广阔的不相关的领域：从数字信号处理到处理器仿真再到数学创新，以及之间的一切。他创造了一系列大家耳熟能详的开源软件，比如：QEMU（一款可执行硬件虚拟化的开源托管虚拟机）、FFmpeg（一个包打天下的视频解码器和转换器，可以把任意格式的视频转换成其他格式，没有这个项目，就没有今天被大家广为使用

1　本文参考了 JeanCheng 的《计算的威力，智慧的传奇——Fabrice Bellard》（https://blog.csdn.net/gatieme/article/details/44671623?，2020 年 7 月 22 日访问）。

的腾讯视频、YouTube 等，它的诞生让计算机视频和音频有了大幅度的进步）、圆周率计算程序（2009 年 12 月 31 日，贝拉用一台 PC 机，花了 116 天，计算圆周率到 2.7 万亿位，创造了新的圆周率世界纪录）……他推动了这些领域的进步，并且还在继续。

贝拉觉得计算机科学最重要的两个方面，一个是学习计算机如何工作，另一个是通过学习计算本身开发语言，用各种不同的方法让计算机有效工作。他基于原始程序设计经验进行开发，从一个非常靠近机器的语言开始，慢慢发展为高级的语言。他认为有抱负的计算机科学家是要通过汇编语言和计算机硬件来深度理解计算机是如何工作的。

当被问及为什么决定在这样宽广的领域中工作时，他回答说："这也不是决定，只是往往我做同样的事情时感觉很无聊，所以我尝试一次又一次地转换项目……"贝拉不屑于考量行政管理和社交任务上的因素，在创造这些项目时，他希望与全世界共享自己的成就，也希望自己的成就对他人有帮助。

贝拉的成就横跨软件工程师的各个领域，除了上面提到的 QEMU、FFmpeg，还有 TinyC，QuickJS 等，他一个人就是一支队伍。曾经有人这样评价他："还有什么事情是法布里斯不能做的吗？FFmpeg 几乎是一个 PhD 论文级别的项目，但是他仍然有时间写 TinyC、QEMU，现在又是 QuickJS。我对他的佩服之情已经远超'嫉妒'之心。"

如今，将近 50 岁的贝拉依然奋斗在编程一线。

第六部分

行业清单

01 行业大事记

1804 年，法国人约瑟夫·雅各（Joseph Jacquard）发明了一种提花织机，它能从一个长长的打孔卡上读取信息，这种在卡片上打孔的行为就是最初的编程，而那些带孔的卡片就是最早的程序代码。

最早的程序代码

第一位程序员

出生于 1815 年的阿达·洛芙莱斯（Ada Lovelace），被认为是世界上第一位程序员；编程语言 Ada 就是以她的名字命名的。

1837 年，英国人巴贝奇（Charles Babbage）设计了第一台可编程机械设备——分析机，他把操作步骤也写进打孔卡里，这样计算步骤就是不固定的了，就是可编程的了。

第一台可编程设备

可计算函数的定义

1936 年，美国数学家阿隆佐·邱奇（Alonzo Church）发表可计算函数的第一份精确定义，对算法理论的系统发展做出巨大贡献。

1946 年 2 月 14 日，世界上第一台通用电子计算机 ENIAC（Electronic Numerical Integrator And Computer，埃尼阿克）在美国宾夕法尼亚大学诞生。它是图灵完备的电子计算机，能够重新编程，解决各种计算问题。

第一台通用计算机

1946 年，冯·诺伊曼（John von Neumann）提出了计算机制造的三个基本原则，即采用二进制逻辑、程序存储执行，以及计算机由五个部分（运算器、控制器、存储器、输入设备、输出设备）组成，这套理论被称为冯·诺依曼结构。

冯·诺伊曼结构

第一个计算机 Bug

1947 年 9 月 9 日，葛丽丝·霍普（Grace Hopper）用镊子把一只死蛾子从 Harvard Mark II 计算机里夹了出来。霍普在 1981 年的一次演讲中说，从那以后，每当计算机出了什么毛病，大家总是说里面有 Bug。

1949 年，剑桥大学设计并制造了 EDSAC（Electronic Delay Storage Automatic Calculator），这是第一台运行的存储程序计算机。

第一台运行的存储程序计算机

第一台并行计算机

1950 年，第一台并行计算机 EDVAC（Electronic Discrete Variable Automatic Computer）诞生，实现了计算机之父冯·诺伊曼的两个设想：采用二进制和存储程序。

1951 年，第一本编程教科书《数字电子计算机的编程准备》出版。

第一本编程教科书

IBM 第一台电子计算机

1953 年 4 月 7 日，IBM 正式对外发布自己的第一台电子计算机 IBM701，并邀请了冯·诺依曼、肖克利（William Shockley）、奥本海默（Robert Oppenheimer）等 150 位各界名人出席揭幕仪式。

1955 年 8 月 31 日，研究人员约翰·麦卡锡（John McCarthy）、马文·明斯基（Marvin Minsky）、纳撒尼尔·罗切斯特（Nathaniel Rochester）和克劳德·香农（Claude Shannon）提交了一份《2 个月，10 个人的人工智能研究》的提案，第一次提出了"人工智能"的概念。其中约翰·麦卡锡被后人尊称为"人工智能之父"。

第一次提出人工智能

第一个真正意义上的编程语言

1957 年，约翰·巴克斯（John Backus）创建全世界第一套高阶语言 FORTRAN，FORTRAN 是程序员真正意义上使用的第一种编程语言。FORTRAN 是 Formula Translation 的缩写，即"公式翻译"的意思。

1958 年，在《美国数学月刊》上，"软件"作为计算机术语首次在出版物上使用。

"软件"定义的诞生

第一个面向商业的通用语言

1959 年，葛丽丝·霍普发明了第一个面向企业、面向业务的编程语言，简称 COBOL（Common Business-Oriented Language）。

1969 年，肯·汤普森与他在实验室的长期搭档丹尼斯·里奇密切合作，开发出了 UNIX 操作系统。

UNIX 系统诞生

程序的法则

1970 年，尼古拉斯·沃斯（Niklaus Wirth）发明 Pascal 语言，他还提出了计算机领域人尽皆知的法则：算法 + 数据结构 = 程序。

1972 年，丹尼斯·里奇发明了 C 语言。1978 年，C 语言正式发布，同时著名的书籍 *The C Programming Language*（《C 程序设计语言》）发布。在那之后，ANSI（American National Standards Institute，美国国家标准学会）在这本书的基础上制订了 C 语言标准。

C 语言诞生

英特尔 8080

1974 年 4 月 1 日，英特尔出了自己的第一款 8 位微处理芯片 8080。

1975 年 7 月，比尔·盖茨在成功为牛郎星配上了 BASIC 语言之后从哈佛大学退学，与好友保罗·艾伦（Paul Allen）一同创办了微软公司，并为公司制订了奋斗目标："每一个家庭每一张桌上，都有一部微型电脑运行着微软的程序。"

微软成立

甲骨文公司成立

1977 年，甲骨文公司（Oracle）在美国成立。

1980 年，阿伦·凯（Alan Kay）发明了面向对象的编程，并将其称为 Smalltalk。

第一个面向对象的编程

IBM 个人计算机

1981 年 8 月，IBM 个人计算机问世。

1983 年，本贾尼·斯特劳斯特卢普（Bjarne Stroustrup）注意到 C 语言在编译方面还不够完美，于是把自己能想到的功能都加进去了，并将其命名为 C++。

C++ 诞生

1983 年 9 月 27 日，理查德·斯托曼
（Richard Stallman）在麻省理工学院
公开发起 GNU 计划，目标是创建一
套完全自由的操作系统。

GNU 计划

1984 年，美国国防部将 TCP/IP 作为
所有计算机网络的标准。1985 年，
因特网架构理事会举行了一个 3 天
有 250 家厂商代表参加的关于计算
产业使用 TCP/IP 的工作会议，帮助
协议的推广并且引领它日渐增长的
商业应用。

TCP/IP 协议

1985 年 11 月 20 日，Microsoft
Windows 1.0 正式发布，售价 100
美元。Microsoft Windows 1.0 设计
工作花费了 55 个开发人员整整一
年的时间 。

Microsoft Windows 诞生

1989 年，为了打发圣诞节假期，吉
多·范罗苏姆开始写 Python 语言
的编译 / 解释器。1991 年，第一个
Python 编译器（同时也是解释器）
诞生。

Python 诞生

1990 年，蒂姆·伯纳斯·李（Tim
Berners-Lee）发明了世界上第一个
网络浏览器 World Wide Web，并且
发明 HTTP 协议。

万维网诞生

1991 年，林纳斯·托瓦兹发布
Linux 系统的内核，它是由 UNIX 系
统发展而来的。

Linux 系统发布

1995 年 3 月 23 日，Java 在 SunWorld
大会上第一次公开发布。

Java 诞生

JavaScript 诞生

1995 年，布兰登·艾奇（Brendan Eich）发明了一种新的编程语言——JavaScript。

20 世纪 90 年代初，LAMP 开始流行，它是指一组通常一起使用以运行动态网站或者服务器的自由软件名称首字母缩写：
· Linux，操作系统
· Apache，网页服务器
· MySQL，数据库管理系统（或者数据库服务器）
· PHP、Perl 或 Python，脚本语言

LAMP 开始流行

开源软件

1998 年 2 月，埃里克·雷蒙德（Eric Raymond）等人正式创立 "Open Source Software"（开源软件）这一名称，并组建了开放源代码（软件）创始组织 OSI（Open Source Initiative Association）。

1998 年，拉里·佩奇（Lawrence Page）和谢尔盖·布林（Sergey Mikhay）在美国斯坦福大学的学生宿舍内共同开发了谷歌在线搜索引擎，并迅速传播给全球的信息搜索者。

谷歌搜索引擎诞生

Git 诞生

2005 年，林纳斯·托瓦兹开发了分布式版本控制软件 Git。

2006 年 8 月，埃里克·施密特（Eric Schmidt）首次提出了云计算（Cloud Computing）的概念。

云计算概念提出

GitHub 上线

2008 年 2 月，通过 Git 进行版本控制的软件源代码托管服务平台——GitHub 以 beta 版本上线，4 月份正式上线。

2008 年，杰夫·阿特伍德（Jeff Atwood）和乔尔·斯伯斯基（Joel Spolsky）创立程序设计领域的问答网站 Stack Overflow，直至 2018 年 9 月，Stack Overflow 已经有超过 940 万名注册用户和超过 1600 万个问题。

Stack Overflow

Go 语言诞生

2009 年 11 月，Go 语言诞生，成为开放源代码项目，支持 Linux、macOS、Windows 等操作系统。

2013 年，Docker 诞生。它是一个开放源代码软件，是一个开放平台，用于开发应用、交付应用、运行应用。Docker 允许用户将基础设施中的应用单独分割出来，形成更小的颗粒（容器），从而提高交付软件的速度。

Docker 诞生

Kubernetes 诞生

2014 年，Kubernetes 诞生。它是一个用于自动部署、扩展和管理"容器化应用程序"的开源系统，简称 K8s。

02   推荐资料

（一）书籍

1、零基础入门

·［美］Warren Sande，Carter Sande：《与孩子一起学编程》（*Hello World! Computer Programming for Kids and Other Beginners*），人民邮电出版社 2010 年版。

推荐理由：这本书通过 Python 语言教你如何写程序，是一本老少咸宜的编程书。它会教你编一些小游戏，还会帮你了解基本的编程知识，相当不错。

·［美］Al Sweigart：《Python 编程快速上手》（*Automate the Boring Stuff with Python: Practical Programming for Total Beginners*），人民邮电出版社 2016 年版。

·［美］Eric Matthes：《Python 编程：从入门到实践》（*Python Crash Course*），人民邮电出版社 2016 年版。

推荐理由：如果你想比较系统地学习 Python 编程，推荐你阅读上面两本书。它们是零基础入门非常不错的图书，里面有大量实用的示例和项目，可以快速给你正反馈。

2、正式入门

·［美］Steve McConnell：《代码大全（第 2 版）》（*Code Complete*），电子工业出版社 2006 年版。

推荐理由：编程路上，这本书可以陪你走很久，每隔一段时间读都会有不同的收获。它虽然有点过时了，而且厚到可以垫显示器，但绝对是一本经典书。

·［美］Cay S. Horstmann：《Java 核心技术·卷 I（原书第 10 版）》（*Core Java Volume I-Fundamentals*），机械工业出版社 2016 年版。

推荐理由：这本书除了能让你了解 Java 的语法，还会让你了解面向对象编程是个什么概念。

·［美］Craig Walls：《Spring Boot 实战》（*Spring Boot in Action*），人民邮电出版社 2016 年版。

推荐理由：既然学习 Java 了，那就一定要学 Java 的框架 Spring。作为新手，这本书里可能会有很多你从来没听过的东西，比如 IoC、AOP 等，能看懂多少就看多少。

·鸟哥：《鸟哥的 Linux 私房菜：基础学习篇》，人民邮电出版社 2010 年版。

推荐理由：这本书会让你对计算机和操作系统，以及 Linux 有一个非常全面的了解，让你能够管理或操作好一个 Linux 系统。当然，这本书里有比较多的专业知识，新手可能会看不懂，没关系，暂时略过就好了。

·［英］Ben Forta：《MySQL 必知必会》（*MySQL Crash Course*），人民邮电出版社 2009 年版。

推荐理由：如果你想学习或使用数据库，可以看看这本书。

在学习专业的软件开发知识之前，你需要看看软件工程师修养类的图书。有修养的程序员才有可能成长为真正的工程师和架构师。

·［美］Martin Fowler：《重构：改善既有代码的设计》（*Refactoring:Improving the Design of Existing Code*），人民邮电出版社 2010 年版。

推荐理由：这本书的意义不仅在于指导你识别代码的坏

味道，改善既有代码的设计，更在于帮你从一开始构建代码的时候避免不良代码风格。

· ［美］Michael C. Feathers：《修改代码的艺术》（*Working Effectively with Legacy Code*），人民邮电出版社 2007 年版。

推荐理由：继《重构》后探讨修改代码技术的又一里程碑式著作，不仅可以帮你掌握最顶尖的代码修改技术，还能大大提高你对代码和软件开发的领悟力。

· ［美］Robert C. Martin：《代码整洁之道》（*Clean Code*），人民邮电出版社 2020 年版。

推荐理由：这本书提出了一种观念——代码质量与其整洁度成正比。阅读这本书有两个理由——第一，你是个软件工程师；第二，你想成为更好的软件工程师。

· ［美］Robert C. Martin：《代码整洁之道：程序员的职业素养》（*The Clean Coder：A Code of Conduct for Professional Programmers*），人民邮电出版社 2016 年版。

推荐理由：编程大师 Bob 大叔（Robert C. Martin）40 余年编程生涯的心得体会，为你讲解成为真正专业的软件工程师需要什么样的态度、原则，需要采取什么样的行动。

·［美］Andrew Hunt，David Thomas：《程序员修炼之道（第 2 版）：通向务实的最高境界》（*Pragmatic Programmer： From Journeyman to Master*），电子工业出版社 2020 年版。

推荐理由：这本书相当经典，是一本教你如何务实的书，教你成为高级软件工程师。

·［美］Jeff Atwood：《高效能程序员的修炼：软件开发远不只是写代码那样简单……》（*Effective Programming: More Than Writing Code*），人民邮电出版社 2013 年版。

推荐理由：这本书是杰夫·阿特伍德（Jeff Atwood）的博文选集，记录了他在软件开发过程中的所思所想、点点滴滴。

·［美］Frederick P. Brooks. Jr.：《人月神话》（*The Mythical Man-Month*），清华大学出版社 2002 年版。

推荐理由：这本书针对管理复杂项目提供了颇具洞察力的见解，可能有点过时，但还是经典。

·［美］Charles Petzold：《编码：隐匿在计算机软硬件背后的语言》（*Code: The Hidden Language of Computer Hardware and Software*），电子工业出版社 2010 年版。

推荐理由：帮你理解计算机工作原理，这种理解不是抽象层面上的，而是具有一定深度的。

·［美］Paul Graham：《黑客与画家：硅谷创业之父 Paul Graham 文集》（*Hackers and Painters: Big Ideas from the Computer Age*），人民邮电出版社 2011 年版。

推荐理由：这本书介绍了黑客（即优秀软件工程师）是如何工作的，带你了解他们的爱好、动机、工作方法，不仅有助于你理解计算机编程的本质和互联网行业的规则，还能帮你理解我们所处的时代。

·［美］Gerald M. Weinberg：《完美软件：对软件测试的各种幻想》（*Perfect Software: and Other Illusions about Testing*），电子工业出版社 2009 年版。

推荐理由：这本书讨论了与软件测试有关的各种心理问题、表现和应对方法，有助于开发人员就软件测试的目的和实现过程进行更好的沟通。

·［美］James A. Whittaker 等：《Google 软件测试之道：像 Google 一样进行软件测试》（*How Google Tests Software*），人民邮电出版社 2013 年版。

推荐理由：从内部视角告诉你，谷歌这家公司是如何应对 21 世纪软件测试的独特挑战的。

3、专业进阶

（1）编程语言

· Joshua Bloch，*Effective Java*，Addison-Wesley Professional，2018.

推荐理由：一本非常不错的书，基本上都是经验之谈，值得一读。

·［美］Brian Goetz，Tim Peierls，Joshua Bloch，Joseph Bowbeer，David Holmes，Doug Lea:《Java 并发编程实战》（*Java Concurrency in Practice*），机械工业出版社 2012 年版。

推荐理由：一本完美的 Java 并发参考手册。

·［美］Scott Oaks:《Java 性能权威指南》（*Java Performance: The Definitive Guide*），人民邮电出版社 2016 年版。

推荐理由：看完这本书，你可以大幅度地提升性能测试的效果。

· 周志明:《深入理解 Java 虚拟机（第 2 版）》，机械工业出版社 2013 年版。

推荐理由：如果看完上一本书你还有余力，想了解更多底层细节，那么你有必要读读这本书。

· ［美］Bruce Eckel：《Java 编程思想（第 4 版）》（*Thinking in Java*），机械工业出版社 2007 年版。

推荐理由：一本透着编程思想的书，让你从一个宏观角度了解 Java。但这本书的信息密度比较大，读起来非常耗大脑，因为它会让你不断思考。

· 陈雄华等：《精通 Spring 4.x：企业应用开发实战》，电子工业出版社 2017 年版。

推荐理由：这本书对 Spring 技术的应用与原理讲得很透彻，对 IoC 和 AOP 也分析得很棒。不足之处是内容太多导致书很厚，但并不影响它是一本不错的工具书。

· ［美］Erich Gamma 等：《设计模式：可复用面向对象软件的基础》（*Design Patterns: Elements of Reusable Object-Oriented Software*），机械工业出版社 2000 年版。

推荐理由：面向对象设计的经典书籍，被誉为有史以来最伟大的软件开发书之一。

· ［美］Brian W. Kernighan，Dennis M. Ritchie：《C 程序设计语言》（*The C Programming Language*），机械工业出版

社 2004 年版。

推荐理由：著名科学家布莱恩·柯林汉和"C 语言之父"丹尼斯·里奇合作的圣经级教科书。它很轻薄，简洁不枯燥，躺在床上看也不会睡着。

·［美］K. N. King：《C 语言程序设计现代方法》（ *C Programming: A Modern Approach* ），人民邮电出版社 2007 年版。

推荐理由：一本非常经典的 C 语言的书，书里都是干货。

·［美］Andrew Koenig：《C 陷阱与缺陷：C 语言调试指南》（ *C Traps and Pitfalls* ），人民邮电出版社 2008 年版。

推荐理由：帮你发现 C 语言在泛型编程上的各种问题。

·［美］Stanley B. Lippman 等：《C++ Primer 中文版（第 5 版）》（ *C++ Primer* ），电子工业出版社 2013 年版。

推荐理由：一本久负盛名的 C++ 经典教程。

·［美］Scott Meyers：《Effective C++：改善程序与设计的 55 个具体做法》（ *Effective C++: 55 Specific Ways to Improve Your Programs and Designs* ），电子工业出版社 2006 版。

·［美］Scott Meyers：《More Effective C++：35 个改善编

程与设计的有效方法》(*More Effective C++*：*35 New Ways to Improve Your Programs and Designs*)，电子工业出版社 2011 年版。

推荐理由：C++ 中两本经典得不能再经典的书。也许你觉得 C++ 复杂，但这两本书带来的对代码稳定性的探索方式让人受益，因为这种思维方式同样可以用在其他地方。

· ［美］Stanley B. Lippman：《深度探索 C++ 对象模型》(*Inside the C++ Object Model*)，电子工业出版社 2012 年版。

推荐理由：看完这本书，C++ 对你来说就再也没有秘密可言。但它非常难啃，你可以挑战一下。

· Brian W. Kernighan，Alan Donovan，*The Go Programming Language*，Addison–Wesley Professional，2015.

推荐理由：C 语言太原始，C++ 太复杂，Go 语言是不二之选。有了 C 语言和 C++ 的功底，学习 Go 语言非常简单。

（2）理论学科

· ［美］Robert Sedgewick，Kevin Wayne：《算法（英文版·第 4 版）》(*Algorithms*)，人民邮电出版社 2012 年版。

推荐理由：算法领域的经典参考书，不但全面介绍了关于算法和数据结构的必备知识，还给出了每位软件工程师应该会的 50 个算法。

· ［美］Aditya Bhargava：《算法图解》（*Grokking Algorithms: An illustrated guide for programmers and other curious people* ），人民邮电出版社 2017 年版。

推荐理由：如果觉得算法书枯燥的话，这本比较有趣。

· ［美］Thomas H. Cormen 等：《算法导论（原书第 3 版）》（*Introduction to Algorithms* ），机械工业出版社 2012 年版。

推荐理由：美国高校的本科生教材，也应该是中国计算机专业学生的教材。

· ［美］Jon Bentley：《编程珠玑（第 2 版）》（*Programming Pearls* ），人民邮电出版社 2008 年版。

推荐理由：一本经典的算法书，作者是世界著名计算机科学家乔恩·本特利（Jon Bentley），被誉为影响算法发展的十位大师之一。

· ［美］Mark Allen Weiss：《数据结构与算法分析》（*Data*

Structures and Algorithm Analysis in C），机械工业出版社
2004 年版。

推荐理由：这本书曾被评为 20 世纪顶尖的 30 部计算机
著作之一，作者在数据结构和算法分析方面卓有建树。

·［美］Donald E. Knuth：《计算机程序设计艺术》系列
（*The Art of Computer Programming*），人民邮电出版社。

推荐理由：包含一切基础算法的宝典，是它教给了一代
软件开发人员关于计算机程序设计的绝大多数知识。

·［美］Abraham Silberschatz 等：《数据库系统概念》
（*Datebase System Concepts*），机械工业出版社 2006 年版。

推荐理由：数据库系统方面的经典教材之一。国际上许
多著名大学，包括斯坦福大学、耶鲁大学等都采用本书作为
教科书。

·［美］Andrew S·Tanenbaum：《现代操作系统》（*Modern Operating Systems*），机械工业出版社 2009 年版。

推荐理由：操作系统领域的经典之作，书中集中讨论了
操作系统的基本原理，包括进程、线程、存储管理、死锁等。

·［美］James F. Kurose，Keith W. Ross：《计算机网络

（第4版）：自顶向下方法》（*Computer Networking: A Top-Down Approach*），机械工业出版社2009年版。

推荐理由：这本书采用了独创的自顶向下方法，即从应用层开始沿协议栈向下讲解计算机网络的基本原理，强调应用层范例和应用编程接口，内容深入浅出，是一本不可多得的教科书。

· ［美］Harold Abelson 等：《计算机程序的构造和解释（原书第2版）》（*Structure and Interpretation of Computer Programs*），机械工业出版社2004年版。

推荐理由：MIT计算机科学系的教材，主要介绍了很多程序是怎么构造出来的，以及程序的本质是什么。经典中的经典，必读。

［美］Alfred V. Aho：《编译原理：原理、技术与工具》（*Compilers: Principles, Techniques&Tools*），机械工业出版社2008年版。

推荐理由：这本书又叫"龙书"，全面、深入地探讨了编译器设计方面的重要主题。

（3）系统知识

·［美］Randal E. Bryant，David O'Hallaron：《深入理解计算机系统（原书 2 版）》（*Computer Systems: A Programmer's Perspective*），机械工业出版社 2011 年版。

推荐理由：这本书的英文版久负盛名，被众多专业人士称为"最伟大的计算机教材之一"，透彻讲述计算机系统的扛鼎之作。

·［美］W.Richard Stevens，Stephen A. Rago:《Unix 环境高级编程（第 2 版）》（*Advanced Programming in the UNIX Environment*），人民邮电出版社 2006 年版。

·［美］W. Richard Stevens，Bill Fenner，Andrew M. Rudoff:《UNIX 网络编程 卷 1：套接口 API（第 3 版）》（*Unix Network Programming, Volume 1: The Sockets Networking API*），人民邮电出版社 2006 年版。

·［美］W. Richard Stevens：《UNIX 网络编程卷 2：进程间通信》（*UNIX Network Programming, Volume 2: Interprocess Communications*），人民邮电出版社 2009 年版。

·［美］W. Richard Stevens:《TCP/IP 详解 卷 1：协议》（*TCP/IP Illustrated Volume 1: The Protocols*），机械工业出版

社 2000 年版。

推荐理由：美国计算机科学家理查德·史蒂文斯（Richard Stevens）参与编写的四本经典书。它们可能不容易读，一方面是比较厚，另一方面是知识密度太大了，所以读起来有点枯燥和乏味，但没办法，你得忍住。

·宋劲杉：《Linux C 编程一站式学习》，电子工业出版社 2009 年版。

·［韩］尹圣雨：《TCP/IP 网络编程》，人民邮电出版社 2014 年版。

·［日］竹下隆史等：《图解 TCP/IP（第 5 版）》，人民邮电出版社 2013 年版。

·［美］Charles M. Kozierok：《TCP/IP 指南（卷 1）：底层核心协议》（*The TCP/IP Guide: A Comprehensive, Illustrated Internet Protocols Reference*），人民邮电出版社 2008 年版。

推荐理由：如果你觉得之前几本理查德·史蒂文斯的经典书比较难啃，可以试试这四本通俗易懂的（当然，如果读得懂之前的，这四本也就不需要读了）。

·［美］Chris Sanders：《Wireshark 数据包分析实战》

（*Practical Packet Analysis: Using Wireshark to Solve Real-World Network Problems*），人民邮电出版社 2013 年版。

推荐理由：学习网络协议只看书还不够，你最好用个抓包工具看看这些网络包是什么样的。这本书结合一些简单易懂的实际网络案例，图文并茂地演示使用 Wireshark 进行数据包分析的技术方法，可以帮我们更好地了解和学习网络协议。

·［德］Michael Kerrisk：《**Linux/UNIX 系统编程手册**》（*The Linux Programming Interface: A Linux and UNIX System Programming Handbook*），人民邮电出版社 2014 年版。

·［美］Robert Love：《**Linux 系统编程（第二版）**》（*Linux System Programming*），东南大学出版社 2014 年版。

推荐理由：看完《Unix 环境高级编程（第 2 版）》后，你可以趁热打铁看看上面这两本书。

（4）软件设计

·［美］Eric Evans：《**领域驱动设计：软件核心复杂性应对之道**》（*Domain-Driven Design: Tackling Complexity in the Heart of Software*），人民邮电出版社 2016 年版。

推荐理由：这本书是领域驱动设计方面的经典之作，全书围绕着设计和开发实践，结合项目案例，阐述了如何在真实的软件开发中应用领域驱动设计。

· ［美］Eric S. Raymond：《Unix 编程艺术》（*The Art of UNIX Programming*），电子工业出版社 2006 年版。

推荐理由：介绍了 UNIX 系统领域中的设计和开发哲学、思想文化体系、原则与经验，改变你对编程的认知和理解。

· ［美］Robert C. Martin：《架构整洁之道》（*Clean Architecture*），电子工业出版社 2018 年版。

推荐理由：一本很不错的架构类图书，对软件架构的元素、方法等讲得很清楚。书里的示例都比较简单，并带一些软件变化历史的讲述，很开阔视野。

4、高手精进

· ［美］Andrew S. Tanenbaum，David J. Wetherall：《计算机网络（第 5 版）》（*Computer Networks*），清华大学出版社 2012 年版。

推荐理由：这本书和前面推荐的《计算机网络（第 4

版）：自顶向下方法》不一样，前一本偏扫盲，这一本有很多细节，是国内外使用最广泛、最权威的计算机网络经典教材。

·［美］David Gourley，Brian Totty：《HTTP 权威指南》（ *HTTP: The Definitive Guide* ），人民邮电出版社 2012 年版。

推荐理由：这本书有点厚，可以当参考书来看，可以让你了解 HTTP 协议的绝大多数特性。

·［美］Thomas Kyte：《Oracle Database 9i/10g/11g 编程艺术》（ *Expert Oracle Database Architecture: Oracle Database Programming 9i, 10g, and 11g Techniques and Solutions* ），人民邮电出版社 2011 年版。

推荐理由：关系型数据库最主要的两个代表是闭源的 Oracle 和开源的 MySQL。如果你要玩 Oracle，推荐你看这本书。这本书的作者是 Oracle 的技术副总裁，他也是世界顶级的 Oracle 专家。

·［美］Baron Schwartz：《高性能 MySQL（第 3 版）》（ *High Performance MySQL* ），电子工业出版社 2013 年版。

推荐理由：这本书是 MySQL 领域的经典之作，拥有广泛的影响力，不但适合数据库管理员（DBA）阅读，也适合开发人员参考学习。

·姜承尧：《MySQL 技术内幕：InnoDB 存储引擎（第 2 版）》，机械工业出版社 2013 年版。

推荐理由：如果你对 MySQL 的内部原理有兴趣的话，可以看看这本书。

·［美］Tapio Lahdenmaki，Michael Leach：《数据库索引设计与优化》（*Relational Database Index Design and the Optimizers*），电子工业出版社 2015 年版。

推荐理由：这本书对于索引性能进行了非常清楚的估算，不像其他书只是模糊的描述。

·［美］Nick Dimiduk，Amandeep Khurana：《HBase 实战》（*HBase in Action*），人民邮电出版社 2013 年版。

·［美］Lars George：《HBase 权威指南》（*HBase: The Definitive Guide*），东南大学出版社 2012 年版。

推荐理由：关于 HBase，推荐你看这两本书，第一本是偏实践的，第二本书是偏大而全的手册型的。

·［美］Andrew S. Tanenbaum：《分布式系统原理与范型（第 2 版）》（*Distributed Systems: Principles and Paradigms*），清华大学出版社 2008 年版。

推荐理由：这本书是分布式系统方面的经典教材，介绍了分布式系统的七大核心原理，并给出了大量的例子。但它不是一本指导"如何做"的手册，仅适合系统性地学习基础知识。

·《Kubernetes Handbook——Kubernetes 中文指南 / 云原生应用架构实践手册》，https://jimmysong.io/kubernetes-handbook/。

推荐理由：这是一本开源的电子书，记录了作者从零开始学习、使用 Kubernetes 的心路历程，着重于经验总结和分享，同时也会有相关的概念解析。

· Christopher Bishop，*Pattern Recognition and Machine Learning*，Springer，2007.

推荐理由：这本书是机器学习领域的经典之作，也是众多高校机器学习研究生课程的教科书。

·［美］Ian Goodfellow：《深度学习》(*Deep Learning: Adaptive Computation and Machine Learning series*)，人民邮电出版社 2017 年版。

推荐理由：深度学习领域奠基性的经典教材。

· Aurélien Géron，*Hands-On Machine Learning with Scikit-Learn and TensorFlow*，O'Reilly Media，2017.

推荐理由：一本以 TensorFlow 为工具的机器学习入门书。

·［美］Jason Fried，［丹］David Heinemeier Hansson：《重来：更为简单有效的商业思维》（*Rework*），中信出版社 2010 年版。

推荐理由：每一个梦想着能拥有自己事业的人必读。

·［美］Peter Thiel，Blake Masters：《从 0 到 1：开启商业与未来的秘密》（*Zero to One: Notes on Startups, or How to Build the Future*），中信出版社 2015 年版。

推荐理由：一本把普通人变成创业者的进化指南。

除了这些书以外，软件工程师还需要多看文档，多读论文，多关注大公司的技术动态。毕竟这是一个以终身学习为刚性要求的职业，祝你学有所成。

（二）影视作品

·《黑客帝国》（*The Matrix*，**1999**），https://movie.douban.

com/subject/1291843/

推荐理由：一部经典影片，既有哲学又有计算机科学，很适合软件工程师看。

·《硅谷传奇》（*Pirates of Silicon Valley*，**1999**），https://movie.douban.com/subject/1298084/

推荐理由：讲述了苹果公司和微软公司的发展史。

·《代码奔腾》（*Code Rush*，**2000**），https://movie.douban.com/subject/3124124/

推荐理由：一部关于 Netscape 公司的纪录片。Netscape 是一家伟大的公司，它是浏览器和其他许许多多东西的发明者，比如显示图片的 img 标签、HTTP 协议中的 COOKIE、互联网加密协议 SSL，以及 JavaScript 语言。

·《骇客追缉令》（*Takedown*，**2000**），https://movie.douban.com/subject/1305675/

推荐理由：这部电影的原型是凯文·米特尼克（Kevin Mitnick）——黑客界响彻云霄的人物，他的名字就是黑客的同义词。

·《代码》（*The Code*，**2001**），https://movie.douban.com/

subject/1418357/

推荐理由：一部以 Linux 为主题的纪录片，介绍了 Linux 是如何诞生的，它为什么与众不同。

· 《社交网络》（*The Social Network*，2010），https://movie.douban.com/subject/3205624/

推荐理由：一部剧情向影片，改编自本·麦兹里奇（Ben Mezrich）的小说《意外的亿万富翁：Facebook 的创立，一个关于性、金钱、天才和背叛的故事》，讲述了 Facebook 的发家历程。

· 《源代码》（*Source Code*，2011），https://movie.douban.com/subject/3075287/

推荐理由：一部惊心动魄的影片，主人公利用他的编程技术进入了另一个人的身体。

· 《环形使者》（*Looper*，2012），https://movie.douban.com/subject/3179706/

推荐理由：一部惊心动魄的时间旅行电影，主人公通过穿越完成暗杀任务。

· 《她》（*Her*，2013），https://movie.douban.com/

subject/6722879/

推荐理由：人工智能能否在感情上取代人类？

·《模仿游戏》（*The Imitation Game*，2014），https://movie.douban.com/subject/10463953/

推荐理由：改编自《艾伦·图灵传》，介绍了图灵的传奇人生。

·《互联网之子》（*The Internet's Own Boy: The Story of Aaron Swartz*，2014），https://movie.douban.com/subject/25785114/

推荐理由：一部关于计算机天才亚伦·斯沃茨（Aaron Swartz）的纪录片，讲述了亚伦从小到大的历程，以及他为互联网自由作出的巨大贡献。

·《史蒂夫·乔布斯》（*Steve Jobs*，2015），https://movie.douban.com/subject/25850443/

推荐理由：讲述了乔布斯的个人生活和职业生涯，你会看到苹果如何成为今天的商业巨头。

03 行业术语

比起大多数领域，计算机领域的行业术语似乎特别多，也不太好理解，很容易让人学着学着就理不清楚。因此在这里，陈皓老师从宏观、编程、并发、数据库、系统、安全等维度为你梳理、提炼了一些重要的术语，帮助你建立起相对系统的知识框架。如果你刚刚入门，可以先在脑海里留一个轮廓，相信你在以后的学习路上一定会再遇到它们。如果你已经在软件工程师这一行工作很久，这份清单也可以帮你温故知新，随时备查。

（一）宏观

程序（Program）：软件工程师用开发工具写出来的一组指令的集合。程序在没有执行时以文件的方式保存在存储设备上，执行时需要用编译器或解释器将其编程或解释成可执行的机器指令后，由操作系统进行执行和调度。正在执行的程序叫进程（参见后文）。

脚本语言（Scripting Language）：一种为了缩短传统的"编写—编译—链接—运行"（edit-compile-link-run）过程而创建的计算机编程语言，具有简单、易学、易用的特点。脚本语言通常是解释性的，而不是编译性的，像 Shell、JavaScript、Python、PHP 等都可以被看作脚本语言。

标记语言（Markup Language）：一种在语法上对文本进行标注的计算机文字编码，可以用来结构化数据，格式化文本或进行数据说明。代表语言有 HTML、XML、Markdown、LaTeX 等。

接口（Interface）：一种用来定义程序的协议，通过衔接软件系统中的不同组成部分，实现计算机软件之间的相互通信。

前端 / 后端（Front-end/Back-end）：前端指的是用户直接能看到的页面，也就是交互界面——可能是 Web 网页，也可能是 iPhone/Android 的手机端程序。后端指的是运行在云端服务器上的程序，其中包括业务逻辑、流程逻辑、控制逻辑和数据存储，是真正运行逻辑和处理数据的地方。

全栈工程师（Full Stack Engineer）：指掌握多种技能，胜任前端与后端工作，能利用多种技能独立完成产品的人。

全栈工程师比较有争议——对那些技多不压身，学习能力、动手能力强的人来说，他们喜欢小团队，因为可以减少沟通；但学太多以至于学不精也是一个问题，所以批评者认为全栈工程师并不利于发展技术的深度。

软件框架（Software Framework）：软件框架是一种抽象，它提供了构建和部署应用程序的标准方法，并且是一个通用的、可重用的软件环境；它提供了大型软件平台的一部分特定功能，以促进软件应用程序、产品和解决方案的开发。软件框架可能包括支持程序、编译器、代码库、工具集和应用程序接口（API），将所有不同的组件组合在一起，以实现项目或系统的开发。

库（Library）：又叫函数库，用于开发软件的子程序集合。它类似于一些已经开发的模块，就像积木模块一样，是构建整个软件的一些通用零件仓库，这些程序模块或零件可以让编程变得更为容易和有效率。库和可执行文件的区别是，它不是独立的计算机程序，而是向其他程序提供服务的代码。

API（Application Programming Interface）：应用程序接口，它是一种计算接口，用来定义软件之间的交互、可以进行的调用（call）或请求（request）的种类，以及如何进行调用或发出请求，应使用的数据格式，应遵循的惯例等。

RESTful API：REST（Representational State Transfer）是一种专门被用于互联网开发的 API，它是基于互联网协议 HTTP 所设计的一种 API。

IDE：集成开发环境，一种辅助程序开发人员开发软件的应用程序，提供全面的设施辅助编写源代码文本，并将其编译打包成可用的程序，有些甚至可以设计图形接口。IDE 通常至少包括源代码编辑器，自动构建工具和调试器，比如 Eclipse、VS Code 等。

UI/UX：UI（User Interface）指的是用户界面，也就是计算机软件或系统和用户进行交互的接口，比如命令行接口、图形界面、鼠标、触摸屏等。UX（User Experience）指的是用户使用特定产品、系统或服务时的行为、情绪与态度。

协议（Protocol）：网络协议的简称。网络协议是通信计算机双方必须共同遵守的一组约定，比如怎么建立连接、怎么互相识别等。只有遵守这些约定，计算机之间才能相互通信交流。代表协议有 TCP 协议、HTTP 协议等。

语法糖（Syntactic Sugar）：英国计算机科学家彼得·兰丁（Peter. J. Landin）发明的一个术语，指计算机语言中添加的某种语法，这种语法对语言的功能没有影响，但是更方便软件工程师使用。语法糖可以让程序更简洁，有更高的可读性——就像糖一样，人们很喜欢吃。

云计算（Cloud Computing）：一种基于互联网的计算方式，通过这种方式，共享的软硬件资源和信息可以按需求提供给计算机各种终端和其他设备。当我们说"云"的时候，一般是"在远端"的意思，也就是说，我把数据存储在远端一个公司那里，当我需要的时候，用终端链接上就可以访问。

批处理（Batch Job）：对一组作业或若干数据进行批量处理的方式。

上下文（Context）：一个任务必不可少的一组数据，主要用于说明当前运行程序的环境和场景。

日志（Log）：记录软件运行中发生的事件，或通信软件中不同用户之间的消息。日志有助于软件工程师了解系统运行的情况，并为调查或审计提供相应的数据支持。

Cookie：HTTP 协议中需要保存在用户端的非常小的数据，一般是用户的登录状态、用户的基本信息，或是一个访问令牌。

令牌（Token）：通俗来说就是暗号，包含用于登录会话的安全凭证，并标识用户、用户组、用户特权以及某些情况下的特定应用程序。通常来说，访问令牌（例如 40 个随机字符或是一个加密字符串）由服务器在验证过用户的身份后生成，此后用户就可以使用这个令牌进行访问，不需要再进行身证验证。

（二）编程

Bit（位）：Bit 是一个比特位或者二进制中的一位，也就是 0 或 1，是信息的最小单位。

Byte（字节）：Byte 是一个字节，由 8 个 Bit 组成，可以表达 0 ~ 255 这 256 个数。对于计算机来说，当我们说"64 位计算机"的时候，指的是计算机寄存器的大小为 64 位，也就是它可以一次计算的数据大小为 2 的 64 次方。

指针（Pointer）：编程语言中用来表示或存储一类数据类型及其对象或变量的内存地址，这个地址直接指向（points to）存储在该地址的对象。

句柄（Handle）：Windows 操作系统用来标识被应用程序所创建或使用的对象的一个整数（索引数），其本质相当于带有引用计数的智能指针。当一个应用程序要引用其他系统（如数据库、操作系统）所管理的内存块或对象时，可以使用句柄。举个例子。door handle 是指门把手，通过门把手可以去控制门，但 door handle 并非 door 本身，只是一个中间媒介。又比如，knife handle 是刀柄，我们通过刀柄可以使用刀。

文件描述符（File Descriptor）：一个用于表述指向文件的引用的抽象化概念。当程序打开文件需要操作文件时，给所操作的文件编的一个号。文件描述符在形式上是一个非负整数。实际上，它是一个索引值，指向内核为每一个进程所维护的该进程打开文件的记录表。计算机系统上有三个标准的文件描述符：0 代表标准输入（键盘），1 代表标准输出（显示器），2 代表标准错误（显示器）。

套接字（Socket）：操作系统提供的进程间通信机制，可以通过网络进行通信。在套接字接口中，以 IP 地址及端口组成套接字地址（socket address），再加上远程的 IP 地址、端口号、通讯协议，形成一个五元组（five-element tuple），作为套接字对（socket pairs）完成网络通信。

输入输出（I/O）：I/O 是 Input 和 Output 的缩写，也就是输入输出。I/O 设备就是输入输出设备。软件和系统的 I/O 指忙闲状态，如硬盘 I/O、网络 I/O 等。

布尔（Boolean）：计算机科学中的逻辑数据类型。布尔只有两个值，一个是真（True），一个是假（False）。布尔值前可以进行与（AND）、或（OR）、异或（XOR）、非（NOT）等逻辑运算操作。计算机通过布尔表达式来判断当前程序该怎么执行，不同的执行对应不同的程序运行分支。

数组（Array）：一种常见的基础数据结构，是有序的元素序列。如果将有限个类型相同的变量的集合命名，那么这个名称为数组名。

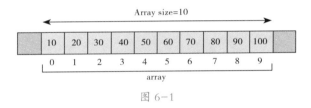

图 6-1

链表（Linked List）：一种常见的基础数据结构，是一种线性表，但是并不会按线性的顺序存储数据，而是在每一个节点里存到下一个节点的指针。

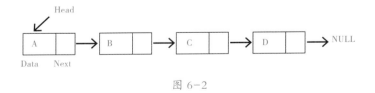

图 6-2

栈（Stack）：一种数据项按序排列的数据结构，只能在一端（称为栈顶，top）对数据项进行插入和删除。它具有两个主要的主要操作：进栈（Push）——将元素添加到集合中；退栈（Pop）——删除尚未删除的最近添加的元素。

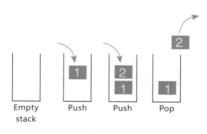

Empty stack　　Push　　Push　　Pop

图 6-3

二叉树（Binary Tree）：一种数据结构，用于以有组织的方式存储数据（例如数字）。二叉树允许二分搜索以快速查找、添加和删除数据项，并可用于实现动态集和查找表。

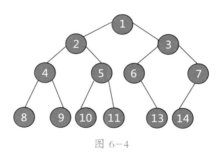

图 6-4

哈希表（Hash Table）：也叫散列表，是根据键（Key）而直接进行访问的数据结构。也就是说，它通过计算一个关于键值的函数，将所需查询的数据映射到表中一个位置来访问记录，这加快了查找速度。这个映射函数叫哈希函数，存放记录的数组叫哈希表。

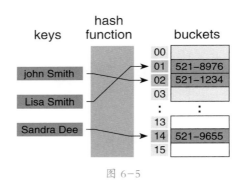

图 6-5

算法（Algorithm）：通过计算机语言的编程方式为解决某种问题所编写的流程，可以非常高效地解决问题。比如，找到一个字符串内第一个只出现过一次的字符，在一个字符串中查到一个单词……它是一系列解决问题的清晰指令，代表着用系统的方法描述解决问题的策略机制，是一种用计算机代码来表现的数学思维。

面向对象编程（Object-Oriented Programming）：一种具有对象（对象指的是类的实例）概念的程序编程范式，同时也是一种程序开发的抽象方法，包含数据、属性、代码与方法。它将对象作为程序的基本单元，将程序和数据封装其中，以提高软件的重用性、灵活性和扩展性，对象里的程序可以访问及经常修改对象相关联的数据。世界上的主流编程语言都支持面向对象编程，比如 C++、Java、C#、Python、PHP、JavaScript……封装、继承、多态是面对对象的三大特性。

封装（Encapsulation）：在面向对象编程方法中，封装是指一种将抽象性函数接口的实现细节部分包装、隐藏起来的方法。同时它也是一种防止外界调用端，去访问对象内部实现细节的手段，这个手段是由编程语言本身来提供的。

继承（Inheritance）：如果一个类别 B "继承自" 另一个类别 A，我们就把 B 称为 "A 的子类"，而把 A 称为 "B 的父类别"，也可以说 "A 是 B 的超类"。继承可以使得子类具有父类别的各种属性和方法，而不需要再次编写相同的代码。

多态（Polymorphism）：指相同的定义在面对不同的实例时会有不同的执行行为。

函数式编程（Functional Programming）：一种编程范式，它将程序运算视为函数运算，并且避免使用程序运行状态的改变。其中，λ 表达式（lambda calculus）为该语言最重要的基础。而且，λ 表达式的函数可以接受函数当作输入

（引数）和输出（传出值）。

递归（Recursion）：在数学与计算机科学中，指在函数的定义中使用函数自身的方法，也就是在运行的过程中调用自己。打个比方：从前有座山，山里有座庙，庙里有个老和尚和小和尚，老和尚对小和尚说，从前有座山，山里有座庙，庙里有个老和尚和小和尚，老和尚对小和尚说……这就是递归。

闭包（Closure）：也称函数闭包，是一种在支持头等函数的编程语言中实现词法绑定的技术。在操作上，闭包是将函数与其环境一起存储的方式。也就是说，闭包是一个持久作用域，即使代码执行已经离开该语句块，它也保留了局部变量，支持闭包的语言有 JavaScript，Swift 和 Ruby。

垃圾回收（Garbage Collection）：一种自动的内存管理机制。当某个程序占用的一部分内存空间不再被这个程序访问时，这个程序会借助垃圾回收算法向操作系统归还这部分内存空间。垃圾回收器可以减轻软件工程师的负担，也减少程序中的错误。垃圾回收最早起源于 LISP 语言，目前许多语言如 Smalltalk、Java、C# 和 Go 语言都支持垃圾回收器。

MVC 模式（Model–View–Controller）：软件工程中的

一种软件架构模式，目的是实现一种动态的程序设计，使后续对程序的修改和扩展简化，并且使程序某一部分的重复利用成为可能。

这种模式把软件系统分为三个基本部分：

·模型（Model）：软件工程师编写程序应有的功能（实现算法等）、数据库专家进行数据管理和数据库设计（可以实现具体的功能）。

·视图（View）：界面设计人员进行图形界面设计。

·控制器（Controller）：负责转发请求，对请求进行处理。

RAII（Resource Acquisition Is Initialization）：资源获取，即初始化。它是在一些面向对象语言中的一种惯用法。RAII 要求资源的有效期与持有资源的对象的生命期严格绑定，即由对象的构造函数完成资源的分配（获取），同时由析构函数完成资源的释放。在这种要求下，只要对象能正确地析构，就不会出现资源泄露问题。

硬编码（Hard Code）：用于描述在代码中写死相应的逻辑或配置的行为。一旦逻辑或配置被写死，再想做任何修改就得重改源代码，重新编译打包程序，并重新安装或部署程序。

魔数（Magic Number）：指硬编码在代码里的具体数值（如"10""123"等以数字直接写出的值）。虽然程序作者写的时候自己能了解数值的意义，但对其他软件工程师而言，甚至作者本人经过一段时间后，会难以了解这个数值的用途，只能苦笑讽刺"这个数值的意义虽然不懂，不过至少程序能够运行，真是个魔术般的数字"，魔数因此而得名。

（三）并发

并发（Concurrency）：又称共行性，指能处理多个同时性活动的能力，并发事件不一定要同一时刻发生。

并行（Parallelism）：指同时发生的两个并发事件，具有并发的含义，但并发不一定并行。打个比方，并发和并行的区别是"一个人同时吃三个馒头"和"三个人同时吃三个馒头"的区别。

进程（Process）：程序被加载到内存里运行的实例，是系统进行资源分配和调度的一个独立单位，就是程序的一次执行过程。

线程（Thread）：进程中的一部分，是操作系统能够调度的最小单位，一个进程中可以包括多个线程。

协程（Coroutine）：非常类似于线程，但协程是协作式多任务的，而线程是抢占式多任务的。

同步（Synchronous）：在编程中，调用一个程序指令后必须等到这个指令返回后，才能往下执行后续的指令。这个程序指令可能是在操作一个外部设备，或是正在进行一次网络请求，需要很长的时间才能返回。于是，整个程序都需要停转——直到这个同步指令返回。

异步（Asynchronous）：与同步相反。异步指的是不需要等待当前指令返回，就可以继续进行后续指令的执行。异步与同步各有各的好与不好。一般来说，同步在编程复杂度的处理上表现好，但在系统性能上表现不好；异步在系统性能上表现很好，但在程序的控制逻辑上会使复杂度提升。

临界（Critical）：一次仅允许一个进程进入，许多物理设备都是临界资源，如打印机。此外许多变量、数据都可以被若干进程共享，也属于临界资源。一些代码在一个时间只能让一个进程进入，这样的代码区域又叫临界区。

互斥（Mutex）：也是间接制约关系，当一个进程进入临界区使用临界资源时，另一个进程必须在后面排队。

锁（Lock）：锁主要是用来同步或是互斥线程的，当一

个进程或线程进入一个区域的时候，需要先请求把这个区域
锁起来。如果此时没有人锁住这个区域，那么当前进程进入
并把该区锁住不让别的进程进入，完成后则释放锁，也就是
"开锁"，以便其他进程进入。红绿灯就是现实世界中的一种
"锁"，其用来控制各个车道对十字路口的共享问题。

死锁（Deadlock）：当两个以上的运算单元都在等待对方
停止运行，以获取系统资源，但是没有一方提前退出时，就
称为死锁。

活锁（Livelock）：与死锁相似，死锁是行程都在等待对
方先释放资源；活锁则是行程彼此释放资源又同时占用对方
释放的资源，当此情况持续发生时，尽管资源的状态不断改
变，但每个行程都无法获取所需资源，使事情没有任何进展。

打个比方，假设两人正好面对面碰上对方：死锁指的是
两人互不相让，都在等对方先让开。

活锁指的是两人互相礼让，却恰巧站到同一侧，再次让
开，又站到同一侧，同样的情况不断重复下去导致双方都无
法通过。

乐观锁（Optimistic Locking）：一种并发控制的方法。
它假设多用户并发的事务在处理时不会彼此影响，各事务能

够在不产生锁的情况下处理各自影响的那部分数据。

悲观锁（Pessimistic Concurrency Control）：一种并发控制的方法。悲观锁假设别人在拿完数据后会修改数据，所以，它在别人一开始拿数据的时候就对这个数据加上锁，当全部操作完成后，才把锁释放出来。悲观锁对于整个周期进行上锁，适合对数据有强一致性要求的情况。

自旋锁（Spin lock）：计算机科学中用于多线程同步的一种锁，线程反复检查锁变量是否可用。由于线程在这一过程中保持执行，因此是一种忙等待。一旦获取了自旋锁，线程会一直保持该锁，直至显式释放自旋锁。

（四）数据库

SQL（Structured Query Language）：结构化查询语言，一种特定目的编程语言，用于操作关系数据库管理系统（RDBMS），其中包括四种基础语句：Select 查询数据、Insert 插入数据、Update 更新数据、Delete 删除数据。

主键（Primary Key）：数据库中的一个概念，比如录入学生信息时，有姓名、性别、学号。以上三个信息可以组成一个数据列，这个数据列里唯一的标识是学号，那么学号就是这个数据列的主键。所以主键是一种唯一关键，一个数据列只能有一个主键且主键不能为空值。

外键（Foreign Key）：用于建立数据库表与表之间的链接，比如在一个班级中，学生的学号是主键，学生里有班长，"班长"就是外键——"班长"表示某个班级的班长的学号，它引用了"学号"属性。

事务（Transaction）：访问并可能操作各种数据项的一个数据库操作序列，这些操作要么全部执行，要么全部不执行，是一个不可分割的工作单元。

一致性（Consistency）：指数据保持一致，在分布式系统中，可以理解为多个节点中数据的值是一致的。一致性又可以分为强一致性、弱一致性和最终一致性。

强一致性可以理解为在任意时刻，所有节点中的数据是一样的。同一时间点，你在节点 A 中获取到 key1 的值与在节点 B 中获取到 key1 的值应该都是一样的。

弱一致性包含很多种不同的实现，目前分布式系统中广泛实现的是最终一致性。

最终一致性就是不保证在任意时刻、任意节点上的同一份数据都是相同的，但是随着时间的迁移，不同节点上的同一份数据总是在向趋同的方向变化。也可以简单理解为在一段时间后，节点间的数据会最终达到一致状态。

脏读（Dirty Read）：指当一个事务正在访问数据，并且对数据进行了修改，而这种修改还没有提交到数据库中时，另外一个事务也访问这个数据，然后使用了这个数据。

幻读（Phantom Problem）：一个事务读取两次，得到的记录条数不一致。也就是指当事务不是独立执行时发生的一种现象，例如第一个事务对一个表中的数据进行了修改，这种修改涉及表中的全部数据行。同时第二个事务也修改这个表中的数据，这种修改是向表中插入一行新数据。那么，以后就会发生操作第一个事务的用户发现表中还有没有修改的数据行，就好像发生了幻觉一样。例如，一个编辑人员更改作者提交的文档，但当生产部门将其更改内容合并到该文档的主复本时，发现作者已将未编辑的新材料添加到该文档中。如果在编辑人员和生产部门完成对原始文档的处理之前，任何人都不能将新材料添加到文档中，则可以避免该问题。

不可重复读（Unrepeatable Read）：一个事务读取同一条记录两次，得到的结果不一致。它指的是在一个事务内多次读同一数据，在这个事务还没有结束时，另外一个事务也访问同一数据。那么在第一个事务的两次读数据之间，由于第二个事务的修改，第一个事务两次读到的数据可能是不一样的。例如一个编辑人员两次读取同一文档，但在两次读取间，作者重写了该文档。当编辑人员第二次读取文档时，文档已更改，原始读取不可重复。如果只有在作者全部完成编写后编辑人员才可以读取文档，则可以避免该问题。

（五）错误

异常（Exception）：在编程语言领域，异常描述的是一种数据结构，该数据结构可以存储非正常的相关信息。

Core Dump：指的是操作系统在进程收到某些信号而终止运行时，将此时进程地址空间的内容以及有关进程状态的其他信息写出的一个磁盘文件。这种信息往往用于调试。

内存不足（Out Of Memory，OOM）：计算机运行时通常不希望的状态，在这种状态下，计算机无法分配额外的内存供程序或操作系统使用。

内存泄漏（Memory Leak）：由于疏忽或错误造成程序未能释放已经不再使用的内存。内存泄漏并非指内存在物理上的消失，而是应用程序分配某段内存后，由于设计错误，导致在释放该段内存之前就失去了对该段内存的控制，从而造成了内存的浪费，最终会导致内存被耗尽而整个进程被操作强制结束掉。内存泄漏通常情况下只能由获得程序源代码的软件工程师才能分析出来。

NULL 指针：空指针，指的是一个已宣告但并未指向一个有效对象的指针。许多程序利用空指针来表示某些特定条件，例如未知长度数组的结尾或某些无法运行的操作。空指针错误是一种常见的程序错误，一旦尝试访问空指针所指向之对象的情况发生，就会出现 NullPointerException（空指针异常）。

死循环（Infinit Loop）：又称无限循环，是指程序的控制流程一直在重复运行某一段代码，无法结束的情形。其原因可能是程序中的循环没有设结束循环条件，或是结束循环的条件不可能成立等。

死机（Down/Crash）：指机器没有响应了，一般来说，要么是机器出现了错误，停止运行了（如 Windows 的蓝屏错误），要么是机器的资源耗尽（如 CPU 耗完，文件描述符耗尽等）无法再响应请求。这种时候，只能关闭电源重新启动来解决问题。

超时（Timeout）：在预定的时间内没有得到对方的响应，

被视为超时。超时意味着你并不知道对方的处理结果是成功还是失败，所以对于超时，需要向对方查询是否完成，如果没有，则需要重新发出请求。

栈溢出（Stack Overflow）：也称堆栈溢出，指使用过多的存储器时导致调用堆栈产生的溢出，也是缓冲区溢出中的一种。堆栈溢出的产生是由于过多的函数调用，导致使用的调用堆栈大小超过事先规划的大小，覆盖其他存储器内的资料，一般在递归中产生。

Kill 进程：通常来说是杀掉一个进程，Kill 命令一般默认发送终止信号，要求进程退出。

僵尸进程：在类 UNIX 系统中，僵尸进程是指完成执行（通过 exit 系统调用，或运行时发生致命错误或收到终止信号所致），但在操作系统的进程表中仍然存在其进程控制块，处于"终止状态"的进程。

（六）系统

CPU：中央处理器，是计算机的主要设备之一，功能主要是解释计算机指令以及处理计算机软件中的数据。计算机的可编程性主要是指对中央处理器的编程。

GPU：图形处理器，是一种专门在个人电脑、工作站、游戏机和一些移动设备（如平板电脑、智能手机等）上运行绘图运算工作的微处理器。

总线（Bus）：指计算机组件间规范化的交换数据的方式，即以一种通用的方式为各组件提供数据传送和控制逻辑。

带宽（Bandwidth）：指可用或耗用的信息量比特率，通常以测得的每秒数量表示。带宽包括网络带宽、数据带宽、数字带宽等。现在我们一般指网络带宽，也就是一秒钟可以传输的字节数。

缓存（Cache）：原始意义是指访问速度比一般随机存取存储器（RAM）快的一种高速存储器，通常它不像系统主存那样使用 DRAM 技术，而使用昂贵但较快速的 SRAM 技术。

虚拟内存（Virtual Memory）：当计算机程序运行需要的空间大于内存容量时，会将内存中暂时不用的数据写回硬盘；它的存在使计算机能同时运行更多的程序以及执行更多的操作。

脱机（Offline）：在有网络的时候浏览器会把当前网页、图像及相关数据缓存在磁盘内，这样在没有网络的时候也可以访问这些信息。

驱动（Driver）：添加到操作系统中的程序，比如你要让计算机播放音乐，它会先发送指令到声卡驱动程序，驱动程序将指令翻译成声卡可以识别的命令，声卡就可以播放音乐了。

DNS：一种把 IP 地址转换成容易记忆的名字的技术，让用户更方便地访问互联网，例如，www.dedao.cn。

CDN：内容分发网络，是指一种通过互联网互相连接的电脑网络系统，利用最靠近每位用户的服务器，更快、更可靠地将音乐、图片、影片、应用程序及其他文件发送给用户，来提供高性能、可扩展性及低成本的网络内容。

P2P：对等式网络，又称点对点技术，是无中心服务器、依靠用户群（peers）交换信息的互联网体系。它的作用在于减少以往网络传输中的节点，以降低资料遗失的风险。与有中心服务器的中央网络系统不同，对等网络的每个用户端既是一个节点，也有服务器的功能，任何一个节点无法直接找到其他节点，必须依靠其用户群进行信息交流。比如，BT 下载技术就是一种 P2P 技术。

VPN 虚拟专用网络（Virtual Private Network）：一种常用于连接中、大型企业或组织与组织间的私人网络的通信方法。因为需要通过公网连接，所以需要对链路进行加密。

VPN 一般通过拨号的方式把一台个人设备加入一个公司的私有网络。

（七）工程

迭代（Iteration）：一种敏捷软件开发的方式，倡导用"小步快跑"的方式，把一个复杂的系统分解成一块一块很小的任务，然后快速地开发这些小任务，最终形成一个大的软件系统。迭代开发把传统上一次完整的交付，变成了若干次不完整的交付，这样一来，可以让用户看到整个开发过程，可以及时得到用户的反馈，从而可以让最终的交付物更接近用户的需求。

合并请求（Pull Request，PR）：主要是用于分布式版本管理工具中提交或贡献代码的一种方式。贡献者请维护者"拉取"修改的软件内容（因此称为拉取请求），若此修改内容应该成为正式代码库的一部分，就需要合并拉取请求中提到的软件内容。

重构（Refactoring）：指对软件代码做改动，以增加可读性或者简化结构而不影响输出结果。软件重构需要借助工具完成，重构工具能够修改代码，同时修改所有引用该代码的地方。在极限编程的方法学中，重构需要单元测试来支持。

代码评审（Code Review）：一种软件质量保证活动，其中一个或几个人主要通过查看和读取源代码来检查程序，让代码有更好的质量，并能够找到代码中的缺陷。

编译（Compile）：将某种编程语言写成的源代码（原始语言）转换成另一种编程语言（目标语言）。编译过程中会进行词法分析、语法分析，以及语法转换。主要的目的是将便于人编写、阅读、维护的高级计算机语言所写作的源代码程序，翻译为计算机能解读、运行的低阶机器语言的程序，也就是可执行文件。

调试（Debug）：发现和解决计算机程序、软件或系统中的错误的过程。调试策略包括交互式调试、控制流分析、单元测试、集成测试、日志文件分析等。许多编程语言和软件开发工具还提供了有助于调试的程序，称为调试器。

断点（Breakpoint）：程序中为了调试而故意停止或者暂停的地方。设置断点可以让程序运行到该行程序时停住，借此观察程序到断点位置时，其变量、寄存器、I/O 等相关的变量内容，有助于深入了解程序运作的机制，发现、排除程序错误的根源。

白盒测试（White-Box Testing）：软件测试的主要方法之一，也称结构测试、逻辑驱动测试或基于程序本身的测试。测试应用程序的内部结构或运作，而不是测试应用程序的功能。

黑盒测试（Black-Box Testing）：软件测试的主要方法之一。测试者不了解程序的内部情况，不需具备应用程序的代码、内部结构和编程语言的专门知识。只知道程序的输入、输出和系统的功能，这是从用户的角度针对软件界面、功能及外部结构进行测试，而不考虑程序内部逻辑结构。

灰度发布：又名金丝雀发布，起源是矿井工人发现，金丝雀对瓦斯气体很敏感，矿工会在下井之前，先放一只金丝雀到井中，如果金丝雀不叫了，就代表瓦斯浓度高。灰度发布是指在黑与白之间，能够平滑过渡的一种发布方式。在其上可以进行 AB 测试，即让一部分用户继续用产品特性 A，一部分用户开始用产品特性 B，如果用户对 B 没有什么反对意见，那么逐步扩大范围，把所有用户都迁移到 B 上面来。灰度发布可以保证整体系统的稳定。

跳板机（Jump Server）：也称堡垒机，是一类可作为跳板批量操作远程设备的网络设备，是系统管理员或运维人员常用的操作平台之一。堡垒机的主要用途是对运维进行安全审计，它的核心功能是 4A：身份验证（Authentication）、账号管理（Account）、授权控制（Authorization）、安全审计（Audit）。简言之，堡垒机是用来控制哪些人可以登录哪些资产（事先防范和事中控制），以及录像记录登录资产后做了什么事情（事后溯源）。

高可用（HA）：分布式系统架构设计中必须考虑的因素之一，它通常是指通过设计减少系统不能提供服务的时间。方法论上，高可用是通过"冗余 + 自动故障转移"来实现的。高可用的系统通常需要承诺服务等级协议（service level agreement，SLA）。它是在一定开销下为保障服务的性能和可用性，服务提供商与用户间定义的一种双方认可的协定。对于系统来说，也就是可以做到多少个 9 的可用性。比如：1 年 =365 天 =8760 小时，3 个 9，也就是 99.9，相当于 $8760 \times 0.1\% = 8760 \times 0.001 = 8.76$ 小时，也就是说系统只有 8.76 个小时不可用。而 5 个 9，99.999，相当于 $8760 \times 0.00001 = 0.0876$ 小时 $= 0.0876 \times 60 = 5.26$ 分钟，表示全年系统只有 5.26 分钟不可用。

（八）安全

黑客（Hacker）：真实的黑客主要是指技术高超的软件工程师。除了精通编程、操作系统的人可以被视作黑客，对硬件设备做创新的工程师通常也被认为是黑客，另外现在精通网络入侵的人也被看作是黑客。黑客分为白帽子、灰帽子和黑帽子：

白帽子描述的是正面的黑客，他可以识别计算机系统或网络系统中的安全漏洞，但并不会恶意去利用，而是公布其漏洞。这样系统将可以在被其他人（例如黑帽子）利用之前来修补漏洞。

灰帽子擅长攻击技术，但不轻易造成破坏，他们精通攻击与防御，同时头脑里具有信息安全体系的宏观意识。

黑帽子研究攻击技术非法获取利益，通常有着黑色产业链。

病毒（Virus）：一种可以破坏其他正常程序甚至使其瘫痪的程序。

蠕虫（Worm）：与计算机病毒相似，是一种能够自我复制的计算机程序。与计算机病毒不同的是，计算机蠕虫不需要附在别的程序内，可能不用用户介入操作也能自我复制或运行。计算机蠕虫未必会直接破坏被感染的系统，却几乎都对网络有害。

木马（Trojan Horse）：全称特洛伊木马，来源于希腊神话特洛伊战争的特洛伊木马。在计算机领域中指的是一种后门程序，是黑客为了盗取其他用户的个人信息等数据资料，甚至是远程控制对方的电子设备而加密制作，然后通过传播或者骗取目标执行的一种程序。和病毒相似，木马程序有很强的隐秘性，会随着操作系统启动而启动。

肉鸡（Zombie Computer）：也称傀儡机或僵尸主机，是指可以被黑客远程控制的机器。比如用"灰鸽子"等诱导用户点击，或者电脑被黑客攻破或用户电脑有漏洞被种植了木马，黑客可以随意操纵它并利用它做任何事情。肉鸡通常被用作 DDoS 攻击，通常针对公司、企业、学校、组织、政府。

DDoS 攻击：拒绝服务攻击，亦称洪水攻击，是一种网络攻击手法，其目的在于使目标电脑的网络或系统资源耗尽，使服务暂时中断或停止，导致其正常用户无法访问。当黑客使用网络上两个或以上被攻陷的电脑作为"僵尸"向特定的目标发动"拒绝服务"式攻击时，称为分布式拒绝服务攻击。据统计，2014 年被确认为大规模 DDoS 的攻击已达平均每小时 28 次。DDoS 发起者一般针对重要服务和知名网站进行攻击，如银行、信用卡支付网关，甚至根域名服务器等。

防火墙（Firewall）：一种计算机硬件和软件的结合，是一种隔离技术，检测计算机在上网过程中的各项操作记录，确保网络环境安全。

公钥 / 私匙（Public/Private Key）：公开密钥密码学是密码学的一种算法，它需要两个密钥，一个是公开密钥，另一个是私有密钥。公钥用作加密，私钥则用作解密。使用公钥把明文加密后所得的密文，只能用相对应的私钥才能解密并得到原本的明文，最初用来加密的公钥不能用作解密。由于加密和解密需要两个不同的密钥，故被称为非对称加密；不同于加密和解密都使用同一个密钥的对称加密。公钥可以公开，可任意向外发布；私钥不可以公开，必须由用户自行严格秘密保管。

签名（Digital Signature）：又称公钥数字签名，是一种功能类似写在纸上的普通签名，但是使用了公钥加密领域的技术，以用于鉴别数字信息的方法。一套数字签名通常会定义两种互补的运算，一个用于签名，另一个用于验证。通常我们使用公钥加密，用私钥解密。而在数字签名中，我们使用私钥加密（相当于生成签名），公钥解密（相当于验证签名）。

证书（Certification）：认证机构用自己的私钥对需要认证的人（或组织机构）的公钥施加数字签名并生成证书，即证书的本质就是对公钥施加数字签名。数字证书的一个最主要好处是在认证拥有者身份期间，拥有者的敏感个人资料（如出生日期、身份证号码等）并不会传输至索取资料者的电脑系统上。通过这种资料交换模式，拥有者既可证实自己的身份，亦不用过度披露个人资料，对保障电脑服务访问双方皆有好处。

中间人攻击（Man-in-Middle Attack）：在密码学和计算机安全领域中是指攻击者与通信的两端分别创建独立的联系，并交换其所收到的数据，使通信的两端认为他们正在通过一个私密的连接与对方直接对话，但事实上整个会话都被攻击者完全控制。在中间人攻击中，攻击者可以拦截通信双方的通话并插入新的内容。在许多情况下这是很简单的，例如在一个未加密的 Wi-Fi 无线接入点的接受范围内的中间人攻击者，可以将自己作为一个中间人插入这个网络。

（九）其他

极客（Geek）： 通常被用于形容对计算机和网络技术有狂热兴趣并投入大量时间钻研的人，俗称发烧友或怪杰。

RFC： 由互联网工程任务组（IETF）发布的一系列备忘录。文件收集了有关互联网的相关信息，以及 UNIX 和互联网社区的软件文件，以编号排定。目前 RFC 文件是由国际互联网协会（ISOC）赞助发行。RFC 中记录了很多与互联网相关技术的发展细节。

切图： 指将设计稿切成便于制作成页面的图片，用于完成 HTML+CSS 布局的静态页面，有利于交互，形成良好的视觉感。通俗来讲，把一张设计图利用切片工具切成一张张小图，然后前端开发用 DIV+CSS 完成静态页面书写，完成 CSS 布局。

－ 陈皓 －

图书在版编目（CIP）数据

这就是软件工程师 / 丁丛丛，靳冉编著 . —— 北京：新星出版社，
2021.1（2021.2重印）
ISBN 978−7−5133−4253−7

Ⅰ . ①这… Ⅱ . ①丁… ②靳… Ⅲ . ①软件工程Ⅳ . ① TP311.5

中国版本图书馆 CIP 数据核字（2020）第 232696 号

这就是软件工程师

丁丛丛　靳　冉　编著

总 策 划：白丽丽
责任编辑：白华昭
营销编辑：龙立恒　longliheng@luojilab.com
　　　　　　王若冰　wangruobing@luojilab.com
封面设计：李　岩
版式设计：靳　冉

出版发行：新星出版社
出 版 人：马汝军
社　　址：北京市西城区车公庄大街丙 3 号楼　100044
网　　址：www.newstarpress.com
电　　话：010-88310888
传　　真：010-65270449
法律顾问：北京市岳成律师事务所

读者服务：400-0526000　service@luojilab.com
邮购地址：北京市朝阳区华贸商务楼 20 号楼　100025

印　　刷：北京盛通印刷股份有限公司
开　　本：787mm×1092mm　1/32
印　　张：9.625
字　　数：160 千字
版　　次：2021 年 1 月第一版　2021 年 2 月第二次印刷
书　　号：ISBN 978−7−5133−4253−7
定　　价：49.00 元